MÉMOIRES

SUR LA MANIERE

d'élever les Vers à soie,

ET SUR LA CULTURE

DU MÛRIER BLANC.

MÉMOIRES

SUR LA MANIERE

d'élever les Vers à soie,

ET SUR LA CULTURE

DU MÛRIER BLANC,

*Lus à la Société Royale d'Agriculture de Lyon, par M. Th**** de la même Société.*

A AMSTERDAM,

Et se trouve à PARIS,

Chez VALLAT-LA-CHAPELLE, au Palais, sur le Perron de la Sainte-Chapelle.

M. DCC. LXVII.

LETTRE écrite par un des Membres de la Société royale d'Agriculture de Lyon, à M. T****.

A Lyon, ce 16 Décembre 1765.

J'AI communiqué, Monsieur, à notre Société, le dessein que vous avez, de donner un Traité sur l'Education des Vers à soie, en observant la même forme que dans votre précédent Mémoire sur la Culture des Mûriers, c'est-à-dire, en le rédigeant par Réponses aux différentes Questions qui vous seront proposées : la Compagnie ne pouvoit qu'applaudir à cette nouvelle preuve de votre zele pour le bien public, & le succès de vos précédens Ouvra-

ges garantit ce qu'on doit espérer
de celui-ci. Le Bureau m'a chargé de rédiger les différentes Questions que je présumerois néceffaires fur l'objet dont il s'agit, &
le projet que j'ai fait en conféquence, fut approuvé dans l'Af-
femblée de Vendredi dernier.
J'ai l'honneur de vous l'envoyer:
il renferme tout ce que mon ima-
gination m'a pu fuggérer à cet
égard. S'il s'y trouve des articles
inutiles, vous les fupprimerez;
fi j'en ai négligé d'effentiels, je
vous prie d'y fuppléer. L'expérience que vous avez acquife depuis longtemps, par l'Education
réitérée chaque année d'un grand
nombre de Vers à foie, doit affurer la jufteffe de vos décifions.
C'eft inutilement que dans le ca-

binet un Auteur s'exerce à com-
piler différentes méthodes , re-
cueillies en divers livres , ou ci-
tées par des personnes n'ayant
fait que des petites épreuves : on
ne doit pas se persuader qu'il
puisse choisir surement le meilleur moyen de faire connoître la
vérité ; c'est une lumiere emprun-
tée , ce n'est souvent qu'un faux
jour qui le trompe lui-même. Le
vrai flambeau , pour nous guider
avec assurance , est une pratique
répétée en grand , par un Obser-
vateur exact : si celui qui l'a ten-
té fait des fautes en commençant ,
il se réforme dans la suite , &
découvre même quelquefois par
ses épreuves qu'une circonstance ,
regardée d'abord comme indifférente , peut devenir d'une consi-

dération majeure. Au surplus, il est, selon moi, dans l'ordre de la Providence de nous laisser toujours à quelques distances d'une certitude entiere sur la meilleure maniere d'opérer. Le desir de parvenir à la perfection, nous anime au travail ; & peut-être que si nous avions atteint le but auquel nous tendons, l'orgueil ou l'inaction seroit notre partage.

Adieu, Monsieur, j'espere que vous ne cesserez d'être bon Patriote, que lorsque je cesserai d'avoir pour vous l'estime & l'attachement que vous m'avez inspirés, & avec lesquels j'ai l'honneur d'être votre très-humble & très-obéissant serviteur.

LETTRE

LETTRE de M. T. en réponse aux différentes Questions contenues dans la Lettre précédente.

A Brignais, près de Lyon, le 1 Février 1766.

J'AI l'honneur, Monsieur, de vous adresser ma réponse aux différentes Questions que vous m'avez proposées sur l'Education ou la maniere d'élever les Vers à soie, ainsi que sur tout ce qui y est relatif. Je desire que vous en soyez assez content, pour me faire espérer que notre Société d'Agriculture le soit elle-même ; & que, regardant mon Ouvrage comme utile au bien public, elle veuille bien lui donner place parmi les siens.

x

J'ai l'honeur d'être, avec un très-sincere attachement, Monsieur, votre très-humble & très-obéissant serviteur,

T****.

AVERTISSEMENT

de l'Editeur.

ON a cru rendre service au Public, en joignant à l'Instruction sur l'Education des Vers à soie, celle sur la Culture de Mûriers. Cette derniere, imprimée dans quelques Provinces, & même chez l'Etranger, n'est point encore aussi répandue qu'on a paru le desirer: d'ailleurs, la Culture du Mûrier étant le principe de la récolte des Soies qu'on a en vue, il est absolument nécessaire de la connoître ; & il convenoit que ces deux parties fuſſent réunies pour la commodité des Lecteurs.

MÉMOIRE

MEMOIRE
SUR LA MANIERE
D'élever les Vers à soie.

PREMIERE QUESTION.

Quelle est la plus grande étendue qu'on puisse donner à un appartement pour les Vers à soie, & n'y a-t-il pas des inconvéniens à vouloir en élever une trop grande quantité dans le même lieu ?

LES Vers à soie, ainsi que les chenilles ont été destinés par l'Auteur de la Nature à vivre en plein air; cependant le fil précieux que ces premiers nous donnent, nous a engagé à les retirer sous nos toits, soit pour les garantir des injures & de

A

l'intempérie de l'air, soit pour conserver leur travail ; mais quelques soins que nous soyons portés à leur donner, ils ne doivent point se trop éloigner de l'intention de la nature. L'étendue d'un appartement qu'on leur destine, doit être proportionné à la quantité de Vers qu'on veut loger, construit de maniere à pouvoir être réchauffé avec facilité, à pouvoir leur procurer les mêmes avantages qu'ils auroient dans les champs, en les garantissant de plus des injures du climat. Si l'on peut, dans ce logement, renouveller l'air souvent, les nettoyer fréquemment & sans embarras, quelqu'étendue qu'on donne à ce bâtiment, je ne pense pas qu'il y ait aucuns inconvéniens à craindre ; ce que j'ajouterois ici de plus, appartient à d'autres questions auxquelles nous avons à répondre.

QUESTION II.

Quelle élévation faut-il donner à l'appartement?

L'élévation de l'appartement doit être proportionné à son étendue, & plus encore à sa position. Si cet appartement ne peut emprunter aucun air de ceux qui seront au-dessous & au-dessus de lui, qu'il ait 30 à 35 pieds en longueur sur 18 à 20 de largeur, j'estimerois qu'on doit lui donner 15 pieds de hauteur; si, au contraire, cet appartement peut être rafraîchi par l'air qui circuleroit des piéces de dessous, & qu'il fût lui-même sous le faîte du toit, une élévation de 10 à 12 pieds seroit suffisante.

QUESTION III.

Quelle est la meilleure exposition pour la Construction? Est-ce du Nord au Midi, ou du Levant au Couchant?

En nous expliquant sur cette queſtion, nous n'entendons point donner l'excluſion aux appartemens qu'on emprunte chaque année dans ceux où l'on eſt ſoi-même logé. Ces appartemens ſont toujours très-favorables, parce qu'on n'y fait que de petites éducations, & qu'étant doublés pour l'ordinaire, on y attire l'air des chambres voiſines, d'un eſcalier, d'une cour, &c. Nous ne voulons parler que d'un bâtiment qu'on conſtruiroit exprès pour l'uſage des Vers à ſoie : dans ce cas, on doit le placer ſur quelque élévation & le rendre iſolé, afin qu'il jouiſſe de toutes les expoſitions.

QUESTION IV.

De quel côté convient-il de faire des fenétres ? Peut-on en faire ſur toutes les faces ?

On agira très-bien & très-ſagement, en ſe procurant à volonté de l'air de tous les côtés. Il eſt quelquefois, des temps sur la fin d'une éducation, où l'on ressent des touffeurs (1), qui vous privent en' un jour de toute l'espérance que vous aviez dans une récolte; en donnant alors de l'air aux Vers à soie de tous les côtés, ils en sont peu incommodés; d'ailleurs, il ne convient jamais de laisser entrer l'air par le côté d'où le vent souffle, sur-tout s'il est un peu fort. Un bâtiment percé à tous les vents principaux, vous donne l'avantage de choisir sur toutes les fenêtres celles qu'il convient d'ouvrir; mais il faut aussi que toutes ces fenêtres ferment assez bien pour n'en ressentir aucunes incommodités dans les temps froids; au surplus, un semblable bâtiment devant former un quarré - long, il

____

(1) On veut faire entendre, par le terme de *Touffeurs*, un temps chaud, sans air; un temps où l'on a moins de force & de courage.

A 3

sera, je pense, très-bien que les principales façades soient du Nord au Midi.

QUESTION V.

Peut-on faire deux appartemens l'un sur l'autre ? En ce cas ne convient-il pas de tenir les planchers de l'appartement inférieur fort élevés ?

Les Vers à soie réussissant toujours mieux dans un appartement élevé, que dans un rez-dechaussée ou autre lieu bas, il n'y a point d'inconvénient, en construisant un bâtiment pour les loger, de les placer dans un premier & second étage : il convient, en ce cas, de donner une élévation plus grande au plancher du premier ; parce qu'alors vous ne pouvez espérer aucun air de l'appartement supérieur ; on pourroit cependant l'ouvrir en plusieurs endroits en forme de trapes, fermées par un grillage en bois, comme la

galerie de nos jeux de paumes; mais
il y auroit du danger pour les vers
élevés dans le fecond étage, fi on
leur communiquoit l'air toujours
corrompu des litieres de ceux qui
font au-deffous: il fera donc très-
bien de tenir l'élévation du plancher entre le premier & le fecond
étage à douze ou treize pieds de
hauteur, & de placer quelques ouvertures pour tenir lieu de foupiraux au plus haut de ce plancher;
ces ouvertures ou petites fenêtres
ne devront avoir qu'un pied & demi de hauteur fur douze pouces en
largeur. Quant au fecond étage,
comme il fera fous le faîte du toit,
la même hauteur de 12 ou 13 pieds
fera fuffifante.

QUESTION VI & VII.

Faut-il faire un lambris sous le toit, pour tenir l'appartement plus clos ? ou faut-il ne point lambrisser, pour laisser à l'air extérieur une entrée plus facile ?

Si l'on ne doit point faire de lambris, de quelle maniere peut-on se garantir des rats ?

Ces deux questions sont tellement liées que j'ai pensé devoir les joindre pour les résoudre dans une même réponse.

Un bâtiment isolé, éloigné des autres bâtimens, granges & pailles, sera peu sujet aux rats, qui causent souvent de très-grands ravages dans la récolte des Vers à soie, dont ils sont très - friands. On ne sauroit prendre contr'eux de trop grandes précautions ; une des meilleures est sans doute de séparer les chambrées de Vers à soie, de tous greniers, granges, fénils, écuries, &c. mais comme on est souvent subordonné au local, ou gêné par les circonstances, il convient d'indiquer des moyens à ceux qui ne peuvent sans beaucoup de dépenses, parer cet inconvénient.

Un lambris sous le toit, intercepte l'air extérieur, il rabaisse le toit, la chaleur des feux nécessaire aux Vers, se rabat sur eux, parce qu'elle ne trouve aucun jour pour s'échapper, l'odeur des litieres se concentre dans l'appartement, & l'air pur & tempéré si convenable à ces animaux, se corrompt. Sans ce lambris cependant, les planches du toit mal assemblées & les tuiles creuses dont il est couvert, peuvent donner entrée aux rats; dans les deux extrémités, je conseille de languetter les planches du toit, & rassurer encore cet assemblage par des linteaux placés & cloués dessus; & si avec cette précaution, il subsiste encore quelques jours, ils seront plus utiles que nuisibles; mais comme ils ne seroient pas suffisans pour procurer une issue à l'air & à la chaleur de l'attelier, il sera nécessaire de placer sous le toit, à la distance de dix à douze pieds les uns des autres, des cornets en terre, en fer-blanc, & mieux encore en tôle, tels que ceux dont on se sert pour les poëles. Ces cornets seront assis sur les planches du toit, lesquelles seront percées à la même grandeur, ils déborderont d'un pied & demi au dessus du toit ; & pour éviter que la pluie passant par ces cornets, ne tombe dans l'appartement, ils auront un coude qui sera dirigé du côté de matin, dans l'intérieur duquel on placera une grille en fer, qui, sans empêcher la circulation de l'air, ôtera la liberté aux oiseaux & aux rats de s'introduire dans l'appartement. Deux ou trois de ces cornets placés dans chaque corridor de l'attelier suffiront ; l'on peut encore fermer ces jours en dedans de l'appartement par un ais en coulisse.

QUESTION VIII.

Comment doit-on procurer de la chaleur à l'appartement ? Est-ce par le moyen des poëles ou par un feu de cheminée ordinaire ? si c'est par le moyen d'un poële, de quelle maniere faut-il le placer dans l'appartement ?

Il n'est rien de plus essentiel, que de ménager avec prudence l'action du feu, qui est, comme je l'ai toujours éprouvé, le principe des fonctions vitales, & l'ame des Vers à soie ; mais qui en devient aussi le fléau le plus terrible, s'il est employé sans précaution, c'est-à-dire, sous un plancher bas & qui ne seroit pas percé de plusieurs trous. Raisonnant toujours pour l'inftruction de ceux qui veulent faire conftruire des appartemens nouveaux, je fouhaiterois que dans un rez-de-chauffée dont le plancher n'auroit que huit pieds d'élévation, on y plaçât deux ou trois poëles en fonte, diftribués de diftance en diftance dans toute fa longueur ; que ces poëles dans lefquels on ne brûleroit, par économie, que du charbon de pierre, fuffent toujours allumés, que le plancher au-deffus duquel fe trouveroit le logement des Vers à foie, fût ouvert dans d'égales diftances par des foupiraux ou trapes dont j'ai déja parlé, par le moyen defquelles l'appartement recevroit toute la chaleur néceffaire aux Vers : ces trapes pouvant être fermées à volonté, on régleroit de même le degré de chaleur. La trop grande chaleur n'étant pas même à craindre, lorfqu'on peut la laiffer échapper par le haut, & l'empêcher

de se rabattre sur les Vers, on pourroit par un tel arrangement, se flatter de réussir dans ses récoltes, toutes
autres circonstances d'ailleurs, n'étant
pas contraires. La facilité de régler
ainsi ces feux, les rend préférables
à tous autres. Ceux des cheminées
chauffent peu, parceque la chaleur se
perd dans la gaîne ; ceux des bra-
ziers n'échauffent que le lieu où ils
sont placés & même toujours trop
fort ; d'ailleurs ils ne peuvent être
faits qu'avec du charbon de bois
trop cher pour être employé ; le charbon de pierre se soutient plus long-
temps, il coute moins, & n'est pas
contraire aux Vers. C'est l'expérience que j'en ai faite, & le sentiment de M. l'Abbé Sauvage , qui
s'exprime ainsi : « Le feu du char-
» bon de pierre n'a d'autre incom-
» modité que de faire , quand on
» l'allume, une épaisse fumée, qui
» d'ailleurs n'est pas dangereuse ,

» lorfqu'elle a des iffues fuffifantes ».
En plaçant donc les poëles comme
je le propofe , on n'auroit pas même
me cette fumée à craindre ; car il
feroit facile de fermer tous les foupiraux dans le moment où on éclai-
reroit les poëles : d'ailleurs , tout le
monde fait , qu'avec des précautions , ces fortes de poëles ne fu-
ment jamais ; j'ajouterai encore, que
comme il pourroit arriver que la fumée de ces poëles en dehors ne fe
rabattît dans les appartemens par les
joints des fenêtres ou des cornets,
il conviendroit de faire paffer cette
fumée par un tuyau en briques &
en maçonnerie , monté depuis le bas
jufqu'à quelques pieds au-deffus du
couvert ; on y trouveroit encore une
économie , parceque ces tuyaux cou-
teroient la moitié moins qu'en tôles.

QUESTION IX.

Doit-on proscrire absolument l'usage du charbon de pierre, ou n'y a-t-il aucun inconvénient à s'en servir pour chauffer ledit appartement.

L'on a vu dans la réponse à la précédente question, qu'étayés de l'expérience & du sentiment de M. l'Abbé Sauvage, nous ne trouvons aucun inconvénient de se servir du charbon de pierre, en plaçant les poëles qui en seroient allumés, au-dessous de l'appartement des Vers à soie. Nous en dirons de même pour les appartemens dans lesquels on sera obligé de placer les poëles; en ajoutant cependant que la chaleur se trouvant plus voisine des atteliers, il faudra avoir un surcroît d'attention pour en faciliter l'exhalaison, & que les tablettes qui seront les plus près de ce feu, doivent être garanties de sa plus grande ar-

deur par quelques lambeaux de mauvaises toiles ou tapisseries, du côté
seulement où le poële se trouvera
placé. On peut même, dans les commencemens d'une éducation & dans
un temps où les vers occupent peu
de place, se défendre d'en mettre
de ce côté. Les Vers en grossissant,
avancent insensiblement dans la saison où le feu est souvent peu nécessaire, & alors ils occupent sans
danger tout le local de l'attelier.

QUESTION X.

*Dans quelles proportions doit-on faire
les étageres ; quelle largeur doit-
on donner aux rayons, & quelle
distance dans l'élévation de l'un à
l'autre ?*

M. l'Abbé Sauvage veut qu'on
donne six pieds de largeur aux étageres, qu'elles soient espacées l'une
de l'autre d'environ un pied & demi, & proposant pour exemple ce
qui

qui se pratique dans un canton des Cevennes, il conseille de ne mettre que trois, au plus quatre étages de tablettes dans un appartement de 18 à 20 pieds de hauteur sous le comble. Si un semblable arrangement étoit absolument de rigueur, il seroit peu de personnes assez riches pour fournir à la dépense d'un pareil bâtiment : ou du moins l'intérêt de l'argent qu'on y employeroit, seroit souvent plus considérable que l'objet de la récolte ; il faut croire que M. l'Abbé sauvage, persuadé qu'on se relâche toujours trop dans les soins que les Vers à soie demandent , exige beaucoup au-delà du nécessaire.

Quant à nous , voici l'arrangement que nous avons donné , & que nous conseillons non-seulement comme suffisant à une éducation bien entendue, mais encore comme très-bon.

B

Nous ne sommes point d'avis de donner aux étageres six pieds en largeur, parcequ'il seroit impossible de pouvoir servir les Vers, les nétoyer, trier ceux qui sont mauvais. Les femmes employées à ce service, n'ont point les bras assez longs pour pouvoir atteindre à trois pieds, les hommes même seroient dans un pareil embarras, parcequ'il faut considérer que les uns & les autres sont gênés par la tablette au-dessus, qui les empêchent de s'étendre non-seulement à trois pieds, mais même à deux ; d'ailleurs les touffes de chaleur si dangereuses au temps de la montée, feroient périr la plus grande partie des Vers renfermés dans des cabanes de bruyeres de six pieds en largeur, & dans lesquelles il y auroit toujours trop peu d'air. Nous pensons donc que les tablettes ne doivent pas avoir plus de trois pieds en largeur, & doivent être isolées.

des deux côtés. La diftance des unes aux autres, doit être de quatorze pouces au lieu d'un pied & demi, parcequ'il feroit difficile de trouver de la bruyere ou des rameaux affez hauts pour former les cabanes ; & quant à la quantité d'étageres qu'on peut élever les unes au-deffus des autres, cela doit dépendre du plus ou moins d'élévation du plancher ; enfin, pour dire quelque chofe de précis & toujours pour l'inftruction de ceux qui veulent bâtir, nous allons donner un plan fixe pour un appartement de trente pieds en longueur, quinze en largeur & quatorze à quinze de hauteur. Dans un tel bâtiment, on pourra placer deux atteliers ou rangs de tablettes de vingt-quatre pieds de longueur, foutenus de fix pieds en fix pieds par des piquets ; chaque attelier fera féparé l'un de l'autre par un corridor de trois pieds ,

& dans la même diftance des quatre murs de l'appartement ; les tables feront efpacées les unes des autres de quatorze pouces, & il pourra en être placé fept en y comprenant la plus haute , qui , quoique n'étant couverte par aucune autre , n'en fervira pas moins pour y placer des Vers, & au temps de la montée, des rouleaux de bruyeres ou chiendent, dans lefquelles les Vers les plus pareffeux forment de très-bons cocons. Ces tablettes ainfi diftribuées, ne prendront que huit pieds & demi fur la hauteur du plancher auquel nous avons donné quatorze ou quinze pieds; ainfi il reftera un efpace entre la derniere tablette & le plancher, d'environ fix à fept pieds; ce qui eft bien fuffifant pour diffiper les vapeurs & les exhalaifons qui s'élevent des tables , fans nuire aux Vers à foie; fur-tout fi ces vapeurs trouvent encore à s'échapper par des ouvertures faites au toit ou au plancher, comme nous l'avons dit.

QUESTION XI.

Avec un appartement construit dans les mesures & proportions ci-devant décrites, combien peut-on faire éclorre d'onces de graines de Vers à soie?

Pour résoudre cette question avec exactitude, le meilleur moyen, ce nous semble, est de calculer la quantité pesante de cocons qu'on peut en sortir dans une des meilleures années.

L'expérience nous a appris qu'on ne peut faire plus de quatre cabanes dans une table de six pieds de longueur sur trois en largeur, & que chaque cabane est bien garnie en cocons, lorsqu'elle en contient une livre & demie, ce qui compose en nombre environ 350 cocons, & par table six livres pesant. Ce fait

ainsi posé, il ne reste plus qu'à calculer combien on aura de tables
dans les deux atteliers qu'on aura
placés.

Chaque rang de tablettes contiendront dans la longueur de 24 pieds,
quatre tables qui à six livres chacu-
nes de cocons, formeront 24 livres.
Multipliez ces 24 livres par 14 qui
est le total de vos rangs de tablettes, & vous trouverez 336 livres de
cocons, qui dans une bonne année, feront le produit de quatre onces de graines de Vers à soie, &
dans une année médiocre ou ordinaire, celui de six à sept onces.

M. l'Abbé Sauvage présente un
calcul qui se rapproche assez du nôtre : avec cette différence, que ne
pouvant placer que trois à quatre
rangs de tablettes de six pieds de
large dans un semblable intérieur,
il récolteroit un tiers moins de cocons : en supposant même que dans

ces largeurs de tables, les Vers à
soie y fuſſent tenus avec autant d'a-
vantage, ce qui eſt impoſſible, tant
par le défaut d'air, que par la difficulté de leur diſtribuer la nourriture
avec égalité, & ſur-tout de les nétoyer. Vous ſerez ſans doute effrayé,
Monſieur, de l'immenſité de logemens qu'on doit ſe procurer, lorſqu'on ſe propoſe une éducation de
100 ou 250 onces de graines de Vers
à ſoie ; on doit cependant calculer,
comme je l'ai fait, quelque petite
ou quelque conſidérable que ſoit
l'entrepriſe, en bornant toutefois la
hauteur des planchers à 14 ou 15
pieds, au lieu de 18 à 20 pieds que
demande M. Sauvage.

QUESTION XII.

N'est-il pas à propos de percer les planches des rayons par de petits trous de la grandeur d'un canon de plume, & à distance de trois à quatre pouces en tous sens?

La précaution de percer les planches des rayons, comme on le propose, pour donner aux Vers de l'air, & empêcher, par cette attention, la litiere de pourrir & s'échauffer, me paroît superflue, par ce que l'intention, quoique très-bonne, seroit mal remplie. En effet, si vos planches ne sont percées qu'avec de petits trous de la grandeur d'un canon de plume, ils seront aussi-tôt bouchés par les débris de la litiere ou par les crotins, lorsque les Vers avancent en âge ; si on fait ces trous plus grands, l'ordure tombera d'une planche sur une autre, & les Vers en seront fort incommodés, il ne resteroit

steroit qu'une reſſource, qui ſeroit de couvrir chaque planche avec du papier; mais comme il faudroit changer ce papier à chaque fois qu'on déliteroit les Vers (1), outre la dépenſe que cela occaſionneroit, ce ſurcroît de ſoins ſeroit mal obſervé dans une éducation conſidérable; il ne peut convenir qu'à quelqu'un qui s'en fait un amuſement, & qui ne s'en rapporte qu'à lui-même.

QUESTION XIII.

Ne faut-il pas mettre des linteaux à rebord devant chaque rayon, pour empêcher que les Vers ne tombent, & ne faut-il pas rendre ces linteaux amovibles, pour avoir la facilité de les lever lorſqu'on veut nettoyer les étageres?

C'eſt toujours à cauſe du bon

---

(1) Déliter les Vers, c'eſt les ſortir de la place où ils ſont pour les nettoyer.

C

effet de ces petits soins dans une bonne éducation, que leur pratique a généralement été recommandée; il seroit fort à desirer qu'on pût les observer dans de nombreux atteliers, mais les essais qu'on en fait dans ce dernier cas, ne répondent jamais aux espérances qu'on en a conçues en petit. Dans les grandes éducations, on agit toujours à la hâte, les travaux sont vifs & pressans, alors on oublie, lorsqu'on délite les Vers, de relever le linteau, on le brise, on le perd, on nettoie mal, la besogne est confiée à toutes sortes de mains; c'est en partie par ces raisons qu'on ne trouve aucunes proportions dans le produit d'une ou deux onces de graines de Vers à soie, avec celui de sept où huit onces, & de ce dernier avec celui de vingt à trente, &c. Mais revenons à l'usage des rebords aux planches; il est certain que ces rebords sauvent

la vie à un grand nombre de Vers,
qui entraînant avec eux la feuille sur
les bords de la planche, tombent
bien-tôt avec elle. Ces linteaux ont
encore un avantage, c'est qu'ils élar-
gissent en quelque sorte la tablette,
parce qu'en jettant la feuille & ne
craignant pas qu'elle soit entraînée
dehors par les Vers, on en répand
jusques sur les bords. On ne doit
cependant pas dissimuler que ces rebords n'interceptent l'air dans les li-
tiéres ; ce qui les rend plus aisées &
plus faciles à se pourir. Voilà, Monsieur, à l'égard de cette pratique,
ce que l'expérience m'en a appris,
& ce qui doit vous décider sur l'u-
sage & le non usage de cette méthode ; si vous vous décidez à en essayer,
vous ferez vos rebords d'environ
vingt lignes de hauteur, vous les
attacherez aux tablettes par de petites charnieres en cuir ; ce qui vou
donnera la facilité de les baisser & de

les élever à volonté ; ils pourront ensuite être fixés par les deux bouts avec une virole en bois.

QUESTION XIV.

Quelle qualité de bois doit on pré-férer pour faire les rayons ; n'y en a-t-il pas de sujets à engendrer des insectes qui peuvent nuire aux Vers à soie ?

« Les larges planches de sapin (1)
» dont on se sert plus communé-
» ment, qui sont séches & bien dref-
» sées, sont plus commodes de beau-
» coup , que les claies ». Je pense, comme cet Auteur, que ce bois est le seul convenable, il est le plus lé-ger , il se polit facilement au rabot, il coute moins que tout autre , & dure fort long-temps ; s'il engendre quelques mittes , ce n'est qu'aprés un long service , & on le remplace sans beaucoup de dépenses. Quant

____

(1) Dit M. l'Abbé Sauvage,

à l'assemblage des planches pour former les tablettes, on doit éviter la
dépense de la joindre par des feuillures : ce travail n'est pas solide pour
cet objet, parce que la fraîcheur &
la fermentation causées par l'humidité des Vers & de la litiere, font
bien-tôt sortir chaque planche de sa
feuillure, & n'étant plus assujettie,
elle s'enfle, se déjette, & chaque
tablette forme dans le milieu un espece de dos - d'âne qui facilite encore la chûte de la feuille & des
Vers ; mais à la place des feuillures,
joignez vos planches par trois forts
linteaux, cloués ferme par - dessous
la tablette, savoir un dans chaque
bout du rayon, & un autre dans le
milieu, en supposant vos planches
de six pieds de longueur ; si vous
en prenez de plus longues, multipliez les linteaux, ils feront encore
un point d'appui pour la bruyere au
temps de la montée.

C 3

QUESTION XV.

Est-il quelqu'autre maniere de rayon-
ner autrement qu'avec des plan-
ches, & quelle est la moins dispen-
dieuse ?

Les étageres ou tablettes peuvent
être faites avec des roseaux ou autres arbrisseaux, tels que les Vaniers
en emploient ; l'avantage qu'on leur
suppose, est d'être à jours pour laisser circuler l'air librement ; & cela
est fort à propos, soit qu'on veuille
échauffer la chambre par le moyen
des poëles, ou renouveller l'air &
le rafraîchir en ouvrant les fenêtres ;
tel est le sentiment d'un Auteur dont
l'Ouvrage est estimé ; mais il ajoute,
qu'en se servant de pareilles claies, il
faut les couvrir de papier , que l'on
change chaque fois qu'on nettoie
les Vers. J'ai vu en Provence de ces
espéces de claies ; sans doute que
ceux qui s'en servoient, ne tenoient

pas les Vers sur du papier, car toutes m'ont paru très-mal-propres,
pleines de vermines, dont on cherche à se débarrasser en lavant & plon-
geant dans l'eau ces claies, ce qui
ne fait pas périr les œufs de ces
insectes, qui n'attendent pour éclorre, que la chaleur destinée aux Vers
à soie. Quoi qu'il en soit de ces espéces de tablettes, dont le principal mérite est d'être percé à jours,
& dont cet avantage est perdu pàr
le papier qui doit les couvrir, ainsi
que la litiere des Vers ; j'ai reconnu
qu'elles n'étoient en usage en Provence & en Languedoc, que parce que
les planches en sapin y sont rares &
cheres, & que ces claies travaillées
par le paysan même, ne lui coutent
rien : mais dans les Provinces comme celle-ci, où les planches en sapin sont communes, je doute que
ces claies ne coutassent davantage, &
qu'elles fussent d'un aussi long usage.

C 4

QUESTION XVI.

N'y a-t-il aucun inconvénient à faire
des rayons contre les murs?

Les rayons contre les murs sont
plus exposés aux rats que ceux qui
sont isolés & dans le milieu de l'appartement ; ils n'ont point autant
d'air que ces derniers , parce qu'ils
ne peuvent en recevoir que dans
une seule face , & les Vers ne pouvant être servis que par un côté, on
ne donne aux tablettes que la moitié de la profondeur de celles de l'intérieur de l'appartement. Ces raisons
sont assez fortes , pour empêcher
d'avoir des rayons contre les murs,
à moins qu'il ne soit pas possible autrement de tirer un utile parti du
local ; comme , par exemple , dans
un appartement qui auroit dix-huit
pieds en largeur , deux rangs de tablettes dans le milieu de l'appartement de trois pieds en largeur ,

n'occupent que......... 6 pieds.
Trois corridors pour le fervice des deux rangs de tablettes à trois pieds de largeur chacun , ne compo-
feront que   9 pieds.
____
En total, 15 pieds.
____

Il refteroit donc trois pieds fur les
dix-huit ; fi on les répartit fur les corridors , c'eft un terrein perdu fans
utilité ; fi on veut en augmenter la
largeur des tablettes de l'intérieur ,
elles feront difficiles à fervir , & les
Vers y feront étouffés ; on prend
alors le parti de rayonner au long
des murs dans la largeur fur chaque
côté de l'appartement d'un pied &
demi ; les corridors pratiqués pour le
fervice des tablettes du milieu , fervant alors également pour celles placées contre les murs , tout le local
eft mis à profit. On obfervera alors
dans ce cas, au temps de la montée,

de ne point ramer ces tables, parceque les cabanes ne jouiroient pas d'assez d'air, & que les touffus qu'elles forment, rendroient les soins contre les rats plus difficiles. On s'en servira donc seulement pour y élever les Vers jusqu'à ce moment.

ÉDUCATION
Des Vers à soie.

QUESTION XVII.

De quel pays faut-il prendre la graine qu'on veut mettre éclorre ? celle de France est-elle aussi bonne que celle d'Espagne ou d'Italie ? laquelle est-ce qui réussit le mieux ordinairement dans nos climats ?

L'Auteur d'un Ouvrage imprimé à Poitiers, conseille de choisir la graine apportée récemment d'un pays plus chaud que le nôtre, tel que l'Italie ; un autre Auteur d'un *Traité sur l'éducation des Vers à soie,* imprimé à Paris, détaille toutes les infidélités qu'il y a à craindre en achetant de la graine chez les étrangers, indépendamment desquelles on court encore le risque de perdre sa récolte ; parce que, dit-il, la graine étrangere, sans qu'il y ait aucune falsification, ne réussit que très-médiocrement la premiere année dans nos climats ; le changement d'air, de ciel, de nourriture, fait périr les Vers qui en viennent. M. Constant Castellet, dont les Ouvrages sur cette matiere ont mérité l'accueil des Etats de Provence, attribue la diminution qu'on voit chaque année dans les récoltes de soie, au manque d'intelligence & à l'infidélité de ceux qui vendent la graine. Pour empêcher, dit-il, que le public ne soit trompé dans l'achat de la graine de Vers à soie, le seul moyen peut-être seroit qu'une sage administration établît dans chaque Province pen-

dant quelques années, des bureaux
où l'on vendroit excluſivement celle
qui ſeroit faite par des perſonnes in-
ſtruites & fidelles, chargées de ce
ſoin. Enfin, M. l'Abbé Sauvage obſerve qu'on ne devroit point entreprendre de couvées conſidérables,
à moins qu'on n'eût fait pondre ſoi-
même les graines, ou qu'on ne fût
ſûr de la fidélité & de l'intelligence
de celui qui auroit pris ce ſoin. Le
ſentiment de ces différens Auteurs,
vous fait connoître, Monſieur, l'importance de la queſtion que vous
me faites ; elle eſt, en effet, d'une
conſéquence ſi majeure, que c'eſt
principalement d'un heureux choix
de la graine, que dépend la réuſſite
d'une récolte de ſoie. Les variations
dans les produits chez différens particuliers, dont les uns ont une pleine récolte & des ſuccès brillans,
tandis qu'elle manque totalemen
chez d'autres, quoiqu'ils ſoient voi-

fins & fous le même climat, n'ont le plus souvent d'autres caufes que dans un choix heureux ou malheureux de la graine qui en eft l'unique fource. Mais comment faire un bon choix de la graine ? où doit-on s'adreffer ? Voilà le point de la difficulté qu'il eft bien difficile de réfoudre. Je ne penfe pas comme l'Auteur du Traité imprimé à Paris ; j'ai vu de belles récoltes produites dès la premiere année par des graines tirées d'Efpagne, j'en ai vu auffi qui ont manqué ; mêmes événemens à la feconde année, quoique ces graines fe fuffent naturalifées ; j'en dirai de même de celles tirées des différentes Provinces méridionales, auxquelles toutefois nous devons donner la préférence fur celle de l'étranger, puifque les rifques de l'infidélité ou du manque d'intelligence font tout au plus égaux, & qu'il eft poffible que nous puiffions les dimi-

nuer, parce que d'un côté, le trajet
pour le tranſport eſt moins grand, &
que de l'autre, nous pouvons avoir
en Provence, en Languedoc & dans
les Cevenes des correſpondances
plus faciles & plus ſûres, & des amis
qui s'adreſſant aux Magnaguiers les
plus en réputation pour l'intelligence & la fidélité, pourront en obtenir des graines telles que nous les de-
ſirons. Si l'on eſt aſſez heureux pour
être bien ſervi cette premiere fois,
il faut ſe promettre fermement de
ne s'en rapporter qu'à ſoi-même pour
les années ſuivantes, en faiſant pondre la graine chez ſoi.

QUESTION XVIII.

*A quoi connoît-on la bonne graine?
qu'eſt-ce qui diſtingue la mauvaiſe?*

M. Iſnard, chargé par Louis XIV,
de compoſer ſes Mémoires ſur les
Mûriers & les Vers à ſoie, après bien
des recherches ſur cette queſtion,

donne quelques préceptes pour distinguer la bonne graine d'avec la mauvaise ; mais il avoue cependant, qu'il est très-difficile d'en avoir une parfaite connoissance ; la couleur à laquelle on s'attache, dépend, à ce qu'il prétend, de celle des étamines sur lesquelles la graine aura été pondue ; ce qui la rendra plus ou moins blanchâtre, ou colorée d'un gris plus ou moins obscur.

La bonne graine est celle qui est fécondée par le mâle, elle prend successivement la couleur de gris de lin, de pourpre & de cendré, elle doit pétiller sous l'ongle ; celle qui est de mauvaise qualité, ne fait point de bruit lorsqu'on l'écrase, & l'humeur qui en sort est fluide & coulante, tandis que dans la bonne graine elle doit être glaireuse & liée.

QUESTION XIX.

De quelle maniere doit-on conserver la graine, pour qu'elle n'éclose qu'au moment où on le souhaite? & n'y a-t-il pas des précautions à prendre pour qu'elle ne se gâte pas?

La graine ou œufs de Vers à soie doit être tenue dans un lieu qui ne soit point humide, il faut en été la placer dans un endroit frais de sa maison, & en hiver dans un lieu tempéré. Les graines qui seroient tenues dans un endroit froid pendant l'hiver, auroient peine à éclorre dans le temps, & n'éclorroient point toutes à la fois; celles qui auroient été conservées dans une température trop chaude, commenceroient à éclorre avant le temps où l'on auroit des feuilles sur les muriers. La meilleure maniére de conserver la graine, est de la laisser sur l'étoffe où elle a été pondue, & de ne l'en

l'en détacher que quelques jours avant
la couvée ; parce que de cette façon,
occupant plus d'espace, elle ne risque pas de s'échauffer, comme si elle
étoit long-temps en un tas.

QUESTION XX.

La graine des cocons blancs est-elle pré-
férable à celle des cocons jaunes ?

La graine des cocons blancs produit des Vers moins forts & moins
vigoureux que celle des cocons jaunes ou céladons ; on en juge ainsi,
parce que les cocons blancs sont
beaucoup moins chargés de soie que
les autres, & qu'il est de regle en
général, qu'on doit toujours réserver les cocons les plus fournis de
soie pour la graine, parce qu'on présume avec raison, que les Vers qui
ont tissu le plus de soie, ont été les
plus vigoureux, & ont été exempts
des accidens & maladies ordinaires : les cocons blancs étant donc

les plus foibles & les moins fournis
en soie ne devroient donc pas être
réservés pour la graine ; cependant
c'est une des raisons qui les font
préférer par ceux qui font commerce de la graine , trouvant plus d'a-
vantages à les employer ainsi , qu'ils
n'en auroient au filage ; d'ailleurs ,
comme ces cocons font très-recher-
chés par les personnes qui travaillent aux fleurs artificielles , & qu'ils
les paient un tiers en sus de ce qu'on
peut retirer des autres , bien des
gens , pour se procurer des cocons
de cette couleur , achetent par préférence la graine de cocons blancs,
à celle des jaunes ; mais ceux qui
n'ont pour objet que de faire de la
soie dans la plus grande quantité
possible à leur entreprise , doivent
bannir de leurs atteliers cette espece
de graines. J'ai souvent éprouvé
qu'il falloit 300 à 320 cocons blancs
en nombre pour former une livre,

poids de marc, tandis que 230 à 240 cocons jaunes formoient la même livre, cette différence au tirage est établie dans la même proportion.

QUESTION XXI.

La graine faite par les Fleuristes qui ont ouvert le cocon avant que le papillon en soit sorti naturellement, est-elle aussi bonne que celle du papillon qui a percé le cocon?

Lorsqu'après un travail infini, le Vers à soie se renferme dans sa coque, il suit la loi de la nature, & il n'en sort que dans le terme qu'elle lui a marqué; devancer ce terme, le chasser de sa retraite avant sa métamorphose, est une opération qui n'a été connue que depuis le temps où l'on fait usage des cocons pour des fleurs artificielles; on y emploie ordinairement les cocons doubles de préférence, parce qu'ils sont plus gros; c'est un genre d'industrie très-utile, qui même aujourd'hui fait une branche de commerce affez confidérable : ceux qui font les achats de cette efpéce, de cocons les ouvrent pour empêcher que les papillons ne les percent & ne les faliffent ; mais la cupidité & l'appas du gain les engagent quelquefois à raffembler dans des boëtes ou des cartons toutes les nymphes ou crifalides, ils les tiennent dans un lieu fermé & chaud ; & lorfqu'elles font devenues papillons, ils obfervent bien ou mal ce qui eft prefcrit à l'égard de l'accouplement ; mais indépendamment de la difficulté à donner des foins utiles dans cette maniére de faire la graine, étant contrevenus dans le principe à l'intention de la nature, & ayant expofé à l'air un animal, qui dans fon état n'en devoit pas reffentir ; ils ont affoibli fa vigueur & fa fécondité ; que doit-on efpérer enfuite de fa progéniture ? Si tous ceux qui ont écrit fur l'éducation des Vers à foie, n'ont point traité cet article, leur filence prouve le danger de cette pratique; car il feroit fort à fouhaiter de pouvoir la fuivre, puifque vendant la coque fort cher, on auroit encore en fupplément de bénéfice, la graine : mais ne nous laiffons point féduire par ces avantages, ils font chimériques; ceux qui ufent de cette graine, voient toujours périr leurs Vers au plus tard à la montée, c'eft-à-dire, après avoir fait toute la dépenfe de l'éducation. M. Conftant Caftellet, en confeillant une pratique (dont nous parlerons dans la fuite) (1), fur la maniére de faire la graine, veut qu'avec un ganif on coupe une premiere pellicule ou envelope des cocons doubles, mais il ne dit point que cette légere ouverture doive fe

______

(1) Voyez la Queftion 122.

faire jusques dans l'intérieur , encore moins de sortir la crisalide ou le papillon du cocon même.

J'observerai encore, que lorsqu'on fait des espéces de chapelets des cocons destinés aux graines, il a toujours été essentiellement recommandé de ne point piquer l'éguille jusques dans l'intérieur , afin , disent tous les Auteurs, non-seulement de ne pas blesser le Ver , mais encore pour ne pas donner entrée à l'air dans l'intérieur des cocons; c'est en dire assez pour condamner une méthode suivant laquelle on partage en deux le cocon dont on sort même le Ver.

QUESTION XXII.

Est-il quelque moyen de distinguer la graine des Fleuristes d'avec l'autre ?

On ne sauroit malheureusement distinguer cette mauvaise graine d'avec une bonne ; je ne doute pas que ceux qui en font commerce, n'aient l'attention, lorſque toute cette graine eſt faite, de la jetter dans l'eau, afin d'en retirer toute celle qui n'a pas été fécondée, qui doit être en grand nombre, & qui, par ſa couleur d'un jaune pâle, décéleroit leur pratique: ils ont ſoin encore de ne point vendre eux-mêmes cette graine; ceux qu'ils en chargent, la donnent pour l'ordinaire à un ſi bas prix, que cette circonſtance, jointe au conſeil de la prudence, qui ne veut pas que nous achetions cette ſemence de gens que nous ne connoiſſions bien, devroient en arrêter le débit.

QUESTION XXIII.

Dans quel temps faut-il mettre éclorre la graine?

Je ne puis d'abord répondre à cette queſtion, que par des préceptes généraux. Plus la couvée & l'éducation ſont hatives, plus le ſuccès est assuré : autre maxime générale, c'est qu'il faut se régler sur la poussée de la feuille de mûrier, qui doit déterminer le temps de la couvée. Ces principes demandent des explications & des distinctions un peu longues, que nous donnerons en répondant aux questions suivantes.

QUESTION XXIV.

Notre climat étant sujet à des retours de fraîcheurs au mois de Mai, à des brouillards, à de petites gélées, n'est-il pas dangereux de faire éclore la graine de trop bonne heure ?

On feroit bien de se régler sur les préceptes généraux que je viens d'indiquer, si les gelées qui surviennent dans la saison du printemps, n'y mettoient obstacle ; mais nous voyons malheureusement, de quatre années, l'une, arriver ces accidens, non-seulement sous notre climat, mais dans les Provinces plus méridionales

méridionales que la nôtre. Alors,
le bourgeon de mûrier broui jufques dans le cœur lorfque la couvée eft bien avancée & qu'on ne
peut plus reculer, met dans la néceffité ou de jetter la graine (qui
dans ces occafions, devient très-
chere) ou de rejetter les Vers éclos : il
faut cependant, dans ce cas, prendre fon parti de bonne heure & recommencer fur nouveaux frais, parce qu'une fois que la feuille de mûrier eft gelée, elle ne reparoît que
trois femaines après & fouvent mê_
me plus tard. Ceux qui répugnent à
ce facrifice, & qui veulent nourrir
leurs Vers avec cette feuille devenue jaune, parce qu'elle eft privée
de sève, fe donnent bien de la peine & manquent leur récolte ; ils
croient que leurs Vers mangent cette feuille, mais ils fe trompent, ou
fi quelques-uns l'attaquent, elle ne
fauroit les nourrir ; auffi ne tardent-

t-ils pas à périr, & il est rare que, dans ces occasions, une once de graine produise cinq à six livres de cocons.

QUESTION XXV.

Si , par la même raison de la Question précédente , on met éclorre plus tard , n'est-il pas à craindre que la feuille étant trop forte , le Ver naissant ne puisse pas la manger ?

C'est encore une maxime générale , que si on differe trop de mettre couver , & que par un événement assez rare , le printemps soit sans gelée ni sans bise , les Vers en naissant ne trouveront plus de feuilles assez tendres ; ils n'auront sur la fin de l'éducation , qu'une feuille dure qui en tue beaucoup , & le temps de la montée arrivant dans les grandes chaleurs , ces insectes alors périssent par milliers.

QUESTION XXVI.

Entre ces deux extrêmes pour le temps
de la couvée trop tôt ou trop tard,
n'eſt-il point de milieu, & l'expé-
rience juſqu'à préſent n'a-t-elle pu
fixer aucune regle à ſuivre ?

C'eſt en cherchant le parti le plus
ſage à ſuivre, que perſonne n'a jamais fait autant de fautes que moi ;
c'eſt après ces fautes, auxquelles trop
d'exactitude dans les maximes reçues
& imprimées dans une foule d'Ouvrages, avoit donné lieu, que je
me déterminai enfin à ne conſul-
ter que l'expérience. Je ne vous don-
nerai point ici le détail de tous mes
eſſais, je vous dirai ſeulement qu'il
n'en eſt point dont j'aie tiré autant
de ſecours & autant de lumieres,
que de celui que je fis en élevant
des Vers en plein air, & ſans aucun
abri. Eſt-il de meilleur maître à con-
ſulter que la nature ! c'eſt elle qui

me détrompa sur une infinité d'erreurs ; & lorsqu'aujourd'hui je cherche à tout rapporter à mes nouveaux principes , je crains moins de m'égarer. Je n'ai garde de penser que je sois parvenu à une certitude parfaite de la meilleure maniere de faire les choses ; mais j'en suis moins éloigné , & un pas fait vers la vérité en amenera un autre.

Il n'est point de récoltes dont les produits ne soient subordonnés aux intemperies du climat & des saisons. Celle des Vers à soie recueillie sous nos toits , & à laquelle nous mettons avec plus de facilité que dans tout autre , des soins & de l'industrie , sera peut-être un jour la récolte la plus assurée, & celle où nous donnerons le moins au hazard. Après ces digressions que je vous prie de pardonner, j'en viens à la question que vous me faites. Par les réponses que j'ai données aux précé-

dentes, vous avez vu, Monfieur,
un danger égal à mettre éclorre la
graine trop tôt ou trop tard ; cependant celui qu'on court à la mettre
trop tôt, eft le plus confidérable &
le moins conforme à la nature qui
ne fe hâte jamais quand elle perfectionne fes ouvrages : ainfi ne nous
preffons donc point à faire couver
la graine, & tâchons de déterminer
un temps heureux pour le faire, en
nous aidant des obfervations générales & particuliéres, relatives à notre climat.

M. l'Abbé Sauvage penfe qu'en
général, lorfque l'hiver a été long
& rigoureux, que la faifon du printemps eft reculée, & que les mûriers ne commencent à pouffer que
vers la fin d'Avril, il y a cent contre un à parier, qu'il ne gélera plus.
On peut alors, dit-il, mettre couver
la graine en toute fûreté. Cette obfervation me paroît très-jufte, l'ex-

pér ience l'a souvent confirmée ; d'ail-
l eurs, en fixant, comme il le fait,
le commencement de la couvée à la
fin d'Avril, nous ne pouvons pas
nous promettre d'avoir des Vers
éclos avant le 7, 8, 9, ou 10 de
Mai.

J'ai observé aussi, que les gelées
à la fin d'Avril, ou même dans le
mois de Mai, font peu de mal aux
mûriers à hautes tiges, à moins qu'elles ne soient de longue durée, &
suivies d'un vent de Nord violent,
parce que dans cette saison, la terre
est déja fort échauffée & le Soleil
alors entretenant la sève dans toutes les parties de l'arbre, il est difficile qu'elle l'abandonne entiérement
& pendant un assez long-temps
pour faire jaunir la feuille, lui ôter
ses sucs nourriciers & la durcir.
Cette feuille, dans ce cas, n'est pas
plus convenable à la nourriture des
Vers, que celles que les premiers

froids de l'automne lui rendent semblable, aussi n'est-il pas d'annonces
plus sûres d'un manque de récolte
de soie, que cet accident, lorsqu'il
arrive dans les quinze premiers jours
du mois de Mai. Mais pour qu'il soit
aussi fatal, il faut que les froids durent huit à dix jours sans interrup-
tion, & avec le vent du Nord, sans
quoi la chaleur de cette saison pendant quelques heures, répare bien
promptement le mal de deux jours,
& nous pouvons dire pour notre
consolation, que ces froids dans le
printemps, tels que je les désigne
pour faire du mal, sont rares & ex-
traordinaires après le 15 du mois
de mai.

Si nous n'avons donc pas pressé
le temps de la couvée, si nous ne
nous sommes pas laissé séduire par
ces premieres apparences de chaleur dès la fin de Mars ou le commencement d'Avril; enfin si, après

avoir vu paroître & épanouir les premiers bourgeons de mûriers à la fin d'Avril ou au commencement de Mai, nous mettons couver nos graines, nous aurons très-peu à craindre des gelées.

La feuille des mûriers doit être confidérée dans trois époques, celle de fa naiffance, celle de fa croiffance & celle où elle prend fon point de confiftance & de maturité, après lequel feulement elle commence à durcir.

Ces trois temps peuvent être renfermés dans cette Province, dans celui qui s'écoule depuis les premiers jours de Mai, jufqu'aux derniers jours de Juin, ce qui compofe à peu près deux mois; or cette efpace de temps étant fort au-delà du terme que prend ordinairement l'entiere éducation des Vers à foie, nous pouvons donc ne pas preffer le temps de la couvée avant les premiers jours du mois de Mai. Si, comme nous l'avons dit, il arrivoit que le printemps fût fans gelée ni fans bife, & que par un événement fort rare, la faifon fe trouvât fi avancée dès fon commencement, qu'on eût à craindre que la feuille ne durcît avant la fin de l'éducation, on auroit alors la reffource de hâter cette éducation par le fecours du feu qui eft l'ame des fonctions vitales de nos vers, en quoi nous ferions parfaitement fecondés par la chaleur naturelle de la faifon ; deforte que ces animaux croiffant dans la même proportion que la feuille, une éducation, qui dans d'autres circonftances, auroit duré 40 à 50 jours, fe trouvera finie en 30 ou 35, & par conféquent avant que la feuille fût dure. Ce procédé demande des détails qui trouveront ailleurs leur place

QUESTION XXVII.

Quelles font les diverfes méthodes pour faire éclorre la graine ?

Le choix de la graine, la maniere de la faire éclorre, font les deux queftions les plus importantes auxquelles vous me donniez occafion de répondre. J'obferverai d'abord, qu'il eft fort heureux que ces deux objets dépendent abfolument de nos foins, parce que ne négligeant rien de ce qui eft effentiel aux attentions qu'ils exigent, nous fommes prefqu'affurés de ne jamais manquer nos récoltes, pour peu que nous foyons exacts fur le refte : vous avez vu toutes les difficultés qu'il y a pour s'affûrer de la bonté de la graine, & la néceffité de la faire pondre chez foi; nous avons donc à préfent à connoître les meilleures méthodes pour la faire éclorre.

Lorfque la faifon & le temps font

arrivés pour mettre couver la graine ou œufs des Vers à soie, notre
intention doit être de faire de notre
mieux pour que les Vers éclosent
en même-temps ; si la couvée duroit
trop, nous aurions beaucoup de peine & d'embarras , parce que les
Vers n'étant point de même âge ,
demanderoient séparément différens
soins : il est cependant très-difficile
de parvenir à cette égalité , sur-tout
dans des couvées considérables ,
mais on doit tâcher de s'en rapprocher le plus qu'il est possible ;
c'est dans cette vue & pour faciliter les Vers à éclorre, que plusieurs
personnes pensent qu'avant de mettre couver la graine , il convient de
la tremper dans de l'eau ou dans du
vin , de l'étendre ensuite sur du papier sans colle , dans un lieu chaud
pour la sécher ; mais l'expérience a
appris , que ce que l'on peut conclure de plus favorable de ces diffé-

rens bains, c'est que le meilleur apprêt à faire à la graine avant la couvée, est de n'en faire aucuns : c'est aussi le sentiment de M. l'Abbé Sauvage. Toutefois en mettant cette pratique en usage, il ne faut que présenter la graine & la retirer aussitôt de ces especes de bains, en jettant de côté toutes celles qui surnâgeront : ce sont des œufs clairs & sans germes, que vous connoîtrez par cette méthode, & le seul avantage que vous puissiez en retirer. Il en est une autre plus convenable pour hâter la couvée, & qu'il est très - essentiel d'observer, c'est celle de faire précéder la couvée artificielle d'une couvée naturelle, telle que la chaleur de la saison la présente, en tenant la graine dans un appartement au Midi, & le plus chaud de sa maison. Cette premiere couvée naturelle, secondée ensuite par la couvée artificielle qui ne vient alors que comme un supplément à la premiere, eſt un ſecours de l'art avec lequel on s'aſſure d'une couvée heureuſe.

C'eſt dans cet état qu'il eſt temps alors de diſtribuer chaque once au plus de graines, dans de petits ſachets ou nouets d'une toile ſouple & blanche d'un pied de diamettre, afin que la graine y ſoit au large & que le cordon qui le fermera dans le haut, laiſſe plus de vuide que de plein.

La graine étant dans les nouets, on les place au pied du lit où l'on couche ; le premier & le ſecond jour, dans le garde-paille, le troiſiéme & le quatriéme, entre les matelats, après leſquels convenant de graduer la chaleur, on l'avancera chaque jour depuis les pieds juſqu'au niveau de la poitrine, ſans cependant que ces nouets touchent la perſonne qui couchera dans le lit. La chaleur,

après qu'il en sera dehors, se conserve pendant deux à trois heures;
mais le sachet venant à se refroidir,
il convient de le réchauffer de nouveau par un enfant qu'on fait mettre au lit. M. Isnard dit avoir connu
une Dame, qui pendant tout le
temps de la couvée, ne quittoit pas
son lit. Il convient cependant de
dire que le passage subit du froid au
chaud ne fait pas périr la graine ; si
néanmoins cet intervalle étoit long,
la couvée seroit retardée. On doit
craindre, par cette méthode, une
chaleur étouffée qui tue les em-
brions des graines ; c'est pourquoi
on ne doit jamais perdre de vue sa
graine, & plusieurs fois dans le jour,
il faut ouvrir les nouets & remuer
la graine pour en laisser évaporer la
transpiration, précaution qu'on doit
avoir d'heure en heure dans les derniers jours de la couvée.

On diminue un peu l'inconvé-

nient de la chaleur étouffée, en mettant la graine dans de légeres boët-
tes de fapin, au lieu de la renfer-
mer dans des nouets de toile ; ces
boëtes n'ont que douze à quinze lignes de profondeur ; on a foin de
les doubler dans l'intérieur d'un papier que l'on colle fur le bois ; on
garnit le fond d'une légere couche
de coton, fur laquelle on étend un
morceau de toile blanche & fouple :
c'eft fur ce linge qu'on répand avec
égalité une ou deux onces de graines ; on pofe enfuite le couvercle
de la boëte, qui doit s'ouvrir & fe
fermer aifément. La graine n'étant
point en un tas, comme dans le
nouet, ne craint pas de s'échauffer.
Occupant un plus grand efpace, la
tranfpiration a plus de liberté pour
s'exhaler, mais elle s'y concentre-
roit & croupiroit encore, fi l'on n'a-
voit l'attention comme dans l'ufage
des nouets, d'ouvrir fouvent ces

boëtes pour lesquelles on en use au surplus comme nous l'avons dit pour les sachets.

QUESTION XXVIII.

La méthode de porter de petits sachets avec soi, n'a-t-elle pas des inconvéniens, sur-tout lorsque des personnes du sexe prennent ce soin?

M. Constant Castellet, qui désapprouve toutes les méthodes artificielles pour la couvée des graines, & dont le sentiment mérite considération, pense que la transpiration du corps humain est nuisible aux Vers à soie; il est de même avis sur toute autre chaleur étrangere, & n'adopte d'autres façons de faire éclorre la graine, que d'en laisser le soin à la température de l'air par le retour de la belle saison. Ce conseil seroit trop rigoureux pour notre climat. M. l'Abbé Sauvage appelle cette couvée naturelle, *couvée spontanée,*

qui

qui seroit peu utile , si elle n'étoit
suivie de l'artificielle. « En effet, dit-
» il , une longue expérience a ap-
» pris que les Vers à soie éclos d'eux-
» mêmes sans le secours de l'art , ne
» répondent jamais à l'attente du
» magnagnier , & ne le dédomma-
» gent point (quelque belle appa-
» rence qu'ils aient) des soins qu'il
» en pourroit prendre ; j'en ai fait
» bien des fois l'expérience, & il y
» a peu d'années où le hazard n'en
» fournisse , lorsque les graines éclo-
» sent inopinément ». Il observe encore que sur trente années , à peine
en trouve-t-on une où les chenilles
champêtres , aussi naturelles ici que
les Vers à soie le sont en Asie, mul-
tiplient assez pour que leurs ravages
ges soient sensibles. Enfin , nous dirons que dans le pays même d'où
les Vers à soie sont originaires , on
couve les graines pour en tirer meilleur parti. Tel est l'usage rapporté

par M. Sauvage , dans des habitations en Chine , au Tonquin & à
Bengale ; ainſi , à ſuppoſer que nous
n'euſſions pas par devers nous , des
expériences bien certaines de l'utilité de la couvée artificielle , l'exemple de ces peuples devroit être notre
guide ; mais en adoptant ce ſentiment contre celui de M. Conſtant
Caſtellet qui habite un climat très-
chaud , nous devons cependant nous
rapprocher de ſon avis , en évitant
d'ajouter à la tranſpiration des graines , celle du corps humain ; c'eſt à
quoi nous parviendrons , en ne portant jamais la graine ſur la chair ,
en la tenant toujours éloignée & ſé-
parée du corps , en ne la confiant
qu'à de jeunes perſonnes , dont la
tranſpiration avant l'âge de puberté ,
n'affecte point l'odorat. Les anciens
Auteurs inſiſtent beaucoup ſur les
dangers où feroient les graines que
des femmes couveroient dans le

temps d'une certaine infirmité pé-
riodique. M. l'Abbé Sauvage pense
que c'est sans fondement, puisque
selon les meilleures observations, le
sang menstruel est de même nature
& tout aussi pur que celui qui coule
dans les veines (1).

Quoi qu'il en soit, la méthode de
porter les sachets sur soi, est & a
toujours été la plus usitée en Italie,
en France, & sur-tout parmi les gens
de la campagne. Ces gens fort occupés, ont peu de temps à rester au
lit, & même dans leur maison ; leurs
habitations sont mal défendues contre les vents & le froid ; ces raisons
leur font préférer cette méthode à
toute autre ; je la trouve très-bien
détaillée dans un Mémoire manuscrit
qui m'a été confié, & dont je vais
l'extraire.

«On divisera, dit-on, la graine

____

(1) Il convient cependant d'excepter de ce
sentiment les personnes mal saines.

>> par once, qu'on placera dans du
>> lin fin & propre dont on fera des
>> nouets liés fort haut, pour qu'elle
>> soit à l'air, & qu'une femme por-
>> tera pendant le jour entre deux
>> jupes dans une poche de coton
>> neuve. Il faut choisir cette femme
>> parmi celles qui sont saines, tran-
>> quilles, & qui ne suent pas, &
>> préférer les jeunes aux vieilles,
>> dont la transpiration est trop for-
>> te. On lui recommandera de met-
>> tre la poche sous le chevet du lit
>> pendant la nuit, pour entretenir
>> l'égalité de la chaleur, & pour em-
>> pêcher qu'elle ne s'écarte du lieu
>> où on l'a placée, on l'y fixera avec
>> une épingle. On doit regarder la
>> graine de temps en temps, l'épar-
>> piller à chaque fois pour lui don-
>> ner de l'air; mais cette opération
>> doit se faire plus rarement, jus-
>> qu'à ce qu'on la voie devenir blan-
>> châtre; c'est alors qu'on doit être

» assuré qu'on est au temps où elle
» va éclorre , & c'est ici où il faut
» redoubler l'attention pour éviter
» de l'étouffer par trop de chaleur.
» On préviendra tout accident , en
» ouvrant les nouets fréquemment
» le jour comme la nuit , & en l'é-
» parpillant & retournant la graine
» comme on l'a dit. Le dégré de cha-
» leur qu'on lui communique en la
» portant sur soi dans une poche ,
» est estimé être du dix-huit au ving-
» tiéme dégré au Thermometre de
» M. de Reaumur; mais fût-elle passée
» à un ou deux dégrés plus haut, on
» ne risquera pas d'étouffer la grai-
» ne , pourvu qu'on lui donne de l'air
» fréquemment. On doit aussi avoir
» attention de faire cette manœuvre
» dans un endroit chaud , au soleil ou
» auprès du feu ».

QUESTION XXIX.

La méthode d'échauffer la graine par le moyen du feu, n'est-elle pas dangereuse?

Dans les différentes manieres de faire couver la graine, vous avez vu, Monsieur, qu'on a toujours à combattre plus ou moins la chaleur étouffée, ce qu'on n'évite qu'avec une attention & des soins continuels, en ne perdant point sa graine de vue, tant pendant le jour que durant la nuit. Cet assujettissement rigoureux, mais nécessaire, a déterminé bien des personnes à se servir d'une piéce chez les Boulangers, placée derriere ou au-dessus du four, qu'on nomme dans le pays *Gloriette*. L'on choisit dans ce lieu une place où le dégré de chaleur soit le plus convenable à l'état de la graine ; on la met dans des boëtes légeres, & chaque jour on gradue la chaleur en l'approchant du mur qui sépare cette piéce d'avec le four. On présume qu'alors la transpiration de la graine ayant la liberté de s'exhaler, & chaque embrion ressentant le même dégré de chaleur, tous éclorront avec succès & dans le même temps. On ne peut disconvenir que cette méthode ne fût préférable à toutes les autres, si ces especes d'étuves étoient perfectionnées, & uniquement destinées à cet usage ; mais comme elles n'empruntent de chaleur qu'en proportion de la consommation & vente de pain que fait le Boulanger, cette chaleur doit varier souvent ; alors les attentions qu'il faut donner, soit pour rapprocher ou éloigner les graines, soit pour les sortir de cette piéce, lorsqu'on cesse de faire du feu au four, équivalent à celles qu'exigent les autres pratiques ; d'ailleurs, si la transpiration des graines y a toute liberté pour s'exhaler, la chaleur de l'étuve d'un autre côté ne trouve point d'iſſue pour s'échapper, & elle reflue ſur les graines, ce qui peut les durcir. C'eſt cependant à ces étuves (toutes imparfaites qu'elles ſont) que nous devons l'idée que M. Sauvage a eue d'en conſtruire une deſtinée uniquement à la couvée des Vers à ſoie & dont il ſe ſert ; je copierai la deſcription qu'il en fait, pour ne pas vous renvoyer à ſon Ouvrage. Comme il n'a écrit que pour nous inſtruire, c'eſt concourir à ſes vues & honorer ſon travail, que de publier ſes découvertes. « J'ai » réuni, dit-il, depuis quelques an- » nées les avantages que je deſirois » à une étuve à couvert, dans une » petite piéce d'une toiſe de largeur » & de deux & demie de longueur ; » le haut aboutit au toit élevé de trois » toiſes au-deſſus du ſol, ſans aucun » plancher ni ſoupente entre deux :

» la

» la fumée & la chaleur qui s'éle-
» vent des deux foyers placés à cha-
» que bout, peuvent s'échapper li-
» brement par le haut, foit à travers
» les joints de la tuile qui eft en
» gouttiere, & dont il y a une ban-
» de de deux pieds de largeur en
» claire-voie tout le long du com-
» ble, foit par une lucarne d'un pied
» quarré pratiquée au plus haut du
» mur de pignon. Il n'y a d'autres
» ouvertures par le bas que celle de
» la porte, & d'une petite fenêtre
» qui a un chaffis de toile dormant,
» & un volet qu'on n'ouvre que lorf-
» qu'il faut donner un coup d'œil à
» la couvée.

» Je fufpens dans cette étuve, à
» trois ou quatre pieds de hauteur,
» un clayon ou un éventaire dont
» j'applanis le fond au moyen d'une
» couche de paille brifée que je re-
» couvre d'un linge ; c'eft là-deffus
» que je répands toute ma graine,

» & je l'étends par-tout à un doigt
» d'épaisseur. Pour empêcher ensui-
» te que la poussiere, la suie ou quel-
» qu'autre saleté ne tombent dessus,
» j'attache au cordon qui porte le
» clayon, & à un pied & demi au-
» dessus, un mouchoir ou une ser-
» viette dont les bords pendans se
» rabattent sur ceux du clayon & le
» couvrent. Le cordon qui suspend
» le clayon, porte sur une perche
» posée horisontalement, de façon
» qu'en faisant glisser le cordon, on
» puisse rapprocher la couvée à vo-
» lonté vers l'un des foyers. Il est
» indifférent que l'étuve soit plus
» grande; il faudroit seulement alors
» plus de feu pour l'échauffer.

» Avant de répandre la graine sur
» le clayon, je fais allumer le feu
» des foyers : j'améne dans peu la
» chaleur qui est marquée par un
» Thermometre placé dans le clayon,
» jusqu'au quinziéme ou dix-huitié-

» me dégré, & je le laiſſe à ce point
» les deux ou trois premiers jours
» de la couvée : elle augmente peu à
» peu d'elle - même juſqu'au vingt-
» huitiéme, à meſure que les murs
» s'échauffent, & ſans y faire plus
» de feu.

» La couvée réuſſiroit également
» à la chaleur du vingtiéme dégré,
» & à ceux qui ſont entre le vingt
» & le vingt-huit ; ce qui met le ma-
» gnagnier à l'aiſe ; je l'arrête à ce
» dernier point (1) ou environ, juſ-
» qu'à ce que la graine reponde &
» que j'aie fait même quelques le-
» vées de deſſus l'étoupe ou le papier
» criblé : lorſqu'il y a environ les
» deux tiers d'éclos , je donne une

---

(1) Au bout de quelques jours les murs de
» l'étuve & même les bords du clayon , ſont
» ſi chauds, qu'en y portant la main on la
» retire ſubitement, comme ſi l'on ne pou-
» voit ſoutenir cette chaleur. Les Vers qui y
» ſont expoſés , loin d'en être affectés , n'en
» ont qu'un redoublement d'appetit.

G 2

» chaude de trente-deux degrés pen-
» dant quelques heures, pour hâter
» le reste & pour empêcher que la
» couvée ne traîne ; ce qui multi-
» plieroit les classes de Vers & aug-
» menteroit inutilement la peine &
» l'embarras.

» Il suffit d'un *à peu près*, com-
» me nous l'avons dit, dans cette
» façon d'amener & de régler la cha-
» leur ; & s'il arrivoit par quelque
» accident, que la graine en eût une
» trop forte, comme l'éprouva pen-
» dant une demi heure une de mes
» couvées, où le thermometre monta
» au trente-sixiéme dégré au-dessus
» de zéro, cette violente épreuve qui
» feroit périr les couvées au nouet,
» ne nuiroit point à la couvée ou-
» verte, si elle duroit peu de temps,
» parce que la chaleur ayant un cours
» libre & des échappemens par le
» haut, ne risqueroit pas de se ra-
» battre sur la graine ou sur les Vers ;

» de plus, la graine occupant dans
» cette couvée un grand espace,
» transpire librement, sans que la
» matiere de la transpiration crou-
» pisse autour d'elle.

» C'est ce qui donne à cette maniere
» de couver, un grand avantage sur
» celles qu'on fait au nouet, qui de-
» mandent, comme nous l'avons
» vu, des soins continuels pour évi-
» ter les coups de chaleur, & d'une
» chaleur étouffée, toujours mortelle
» pour les graines & pour les Vers
» qui en éclosent ».

Les deux foyers, tels que je les conçois, n'ont point de gaines, pour que la chaleur ne s'y perde pas; la fumée par conséquent, n'a aussi d'autre issue que celle qu'elle trouve dans le haut du bâtiment. C'est dans ces foyers que M. Sauvage conseille d'employer avec du charbon ordinaire, de la tannée séchée au Soleil, ou autres matieres, même du charbon de terre.

Les avantages d'une semblable étuve, font desirer à M. l'Abbé Sauvage, qu'on puisse en construire sur ce modéle dans les campagnes, en préposant sur chaque étuve un homme entendu, à qui les particuliers donneroient leurs couvées à faire ; on préviendroit, dit-il, les nombreux accidens où le défaut d'expérience jette si souvent les couveurs ordinaires : si ce vœu pouvoit être rempli, ainsi que celui de M. Constant Castellet, pour empêcher que le Public ne fût trompé dans l'achat de la graine, il y auroit sans doute lieu de se flatter de voir augmenter nos récoltes de soie, leur réussite dépendant principalement de ces deux objets. Celui de la couvée est si intéressant, que j'ai cru ne devoir rien omettre de tout ce qui peut engager à y donner plus d'attention que par le passé. J'y reviendrai encore en répondant à la question suivante.

QUESTION XXX.

Ne peut-on pas parer au danger qu'il y auroit d'échauffer la graine par le feu?

Vous avez vu , Monsieur, par la description que donne M. l'Abbé Sauvage de son étuve, qu'il a porté toute son attention à donner à la chaleur une issue par le haut de son bâtiment ; ainsi n'y ayant point à craindre qu'elle se rabatte sur les graines, je ne suis point surpris que la couvée n'en souffre pas ; mais je ne puis taire mon étonnement sur la facilité que M. Sauvage trouve à graduer la chaleur dans cette étuve jusqu'au trente - sixiéme dégré du Thermomètre de M. de Reaumur. Cette piéce ayant six pieds en quarré , dont deux ne sont recouverts qu'à claire - voie , outre la lucarne

pratiquée sur le mur de pignon, est
censée presque ouverte : la couvée
peut bien ressentir la chaleur des
foyers , mais ce ne doit être que
lorsqu'elle en est rapprochée ; &
dans ce cas les clayons suspendus ,
comme il le dit , à la hauteur de
trois pieds , qui doit être celle des
foyers , sont exposés à en être brû-
lés , & lorsqu'on les en éloigne ,
à ne ressentir que le froid procuré
par les ouvertures du toit. Les vents
si fréquens dans la saison du printemps , doivent renverser la graine
de dessus les clayons en agitant sans
cesse le linge qui la couvre ; enfin ,
les oiseaux , les rats , la pluie & les
orages doivent pénétrer dans tout
ce local , & y causer les plus grands
désordres. Toutes ces objections que
je vous prie de ne regarder que
comme des doutes , seroient sans
dou.e bien-tôt détruites par M. l'Abbé Sauvage , si j'étois à portée de les

lui propofer ; cependant , fans diminuer ma confiance dans fes lumieres , elles m'ont paru affez fortes pour ne pas fuivre le même plan
de fon étuve dans celle que je me
fuis procurée. Je me fuis fouvenu
que M. l'Abbé Sauvage ne défap-
prouvoit l'étuve des Boulangers , que
parce que la chaleur ne trouvoit pas
à s'y échapper. J'ai donc choifi fous
le toit de ma maifon, une piéce de
neuf pieds en largeur , douze de
longueur fur huit de hauteur fous le
comble. C'eft-là où j'ai fubftitué à
la chaleur d'un four, celle d'un poële en brique que j'échauffe avec du
bois, & dont la fumée eft conduite
en dehors par quelques pieds de
cornets en tôle ; j'ai fait deux ouvertures au toit, qui n'ont de grandeur que celle néceffaire pour recevoir deux cornets qui débordent au-
deffus du toit d'un pied & demi ,
& qui attirant fans ceffe l'air de l'in-

térieur de l'appartement, font fuffi-
fans pour donner à la trop grande
chaleur l'échappement defiré , &
renouveller l'air ; ces tuyaux qui font
en tôle , ont un coude qui eft amo-
vible , & que j'oppofe au vent ou à
la pluie , de forte que je ne fuis incommodé ni de l'un ni de l'autre ;
le haut de ces cornets eft garni d'u-
ne grille en fil-de-fer qui en défend
l'entrée aux oifeaux & aux rats. J'ai
fait placer dans cet appartement
deux chevalets qui fupportent horifontalement des lattes fur lefquelles je pofe plufieurs tamis d'un pied
de diametre , garnis d'une gaze ou
toile de foie fort ferrée , fur laquelle
je répands & diftribue les graines ou
œufs de Vers à foie avec égalité,
non pas comme M. l'Abbé Sauvage , à l'épaiffeur d'un travers de
doigt , mais feulement de deux ou
trois lignes ; ces tamis font placés
fur ces chevalets à une hauteur

commode pour y porter la vue fans y toucher.

La chaleur de mon étuve eft réglée par un Thermomètre ; je me rends maître du degré par le fecours d'une foupape placée dans le cornet du poële , dont le feu ne porte ce dégré qu'au dix-fept ou dix-huitiéme , à moins que la chaleur de la faifon ne l'augmente jufqu'au vingtiéme , qui eft le point où je l'arrête , parce que je le regarde comme fuffifant à la graine pour éclorre , qui d'ailleurs n'étant point entaffée , n'a pas befoin d'être remuée. Sa tranfpiration a un cours libre, ne craint point de fe concentrer & de croupir, & fe trouve entiérement enveloppée par un même dégré de chaleur , foit en deffous , foit au-deffus des tamis ; la fimple gaze de foie fur laquelle elle eft répandue , n'y apportant aucun obftacle. Si je veux renouveller l'air très-promptement , cela m'eft aifé ,

en ouvrant une fenêtre & la porte.
Cette espece d'étuve est simple &
de peu de dépense, chacun peut en
avoir une semblable dans sa maison;
celle de M. l'Abbé Sauvage exigeant
une élévation de dix - huit pieds, ne
peut se trouver dans aucuns bâtimens ordinaires ; on est obligé de
bâtir exprès.

QUESTION XXXI.

En se servant d'un Thermomètre, à
quel degré doit-on le soutenir?

Il y a bien du danger, soit pour
faire éclorre la graine , soit pour
élever les Vers, à porter la chaleur
à un trop haut dégré. Quelque écha-
pement qu'on lui donne, il ne faut
qu'un instant pour causer un grand
ravage dans l'attelier ; le froid n'a
pas des suites si funestes sur la vie
de nos insectes, parce qu'il ne fait
que retarder la couvée ou la récolte. Les Vers que j'essayai d'élever en

plein air, ne périrent point des froids qu'ils essuyerent pendant trois semaines, & dont rien ne les mettoit à l'abri ; leur vie en fut seulement prolongée & leur travail retardé : cependant l'inconvénient du froid est bien fâcheux, parce qu'il entraîne une plus grande dépense en feuilles, & augmente à tous égards les frais de l'éducation : il est donc bien important de trouver un juste milieu. M. l'Abbé Sauvage que je me fais toujours un plaisir & un devoir de citer, pense que le vrai dégré de chaleur qu'il convient de donner, doit être celui qu'on desire pour soi-même, à la fin d'Avril ou au commencement de Mai, ce qui revient du dix-huit au vingtiéme dégré, comme je le pense moi-même, & me fait croire avec quelque fondement, que c'est par erreur, lorsqu'il dit ailleurs, qu'il le pousse depuis le vingt-huit jusqu'au trente-deux &

trente-sixiéme, parce qu'aucun homme senfible ne pourroit fupporter une telle chaleur fans en être vivement incommodé, quelqu'iffue qu'on lui ait ménagée.

QUESTION XXXII.

N'y a-t-il pas de l'inconvénient à ouvrir trop fouvent les fachets ou les boëtes qui renferment la graine, pour vifiter fi elle commence à éclorre?

Je crois avoir déja répondu, ou prévenu cette queftion ; mais les répétitions dans un Ouvrage tel que celui-ci, font néceffaires & pardonnables. On ne fauroit trop revenir à ce qu'il eft important de favoir & de bien faire entendre ; d'ailleurs je ne veux rien changer à l'ordre & à la diftribution des queftions, qui font la bafe de cette inftruction.

J'ai dit précédemment, qu'il étoit néceffaire d'ouvrir fouvent les nouets, fachets ou boëtes, afin de leur donner un nouvel air, & de laiffer exhaler celui que la tranfpiration de la graine ne peut manquer de corrompre ; mais comme cette tranfpiration eft peu fenfible dans les premiers jours de la couvée, à laquelle même on donne peu de chaleur, on doit fe contenter d'ouvrir les nouets ou boëtes une ou deux fois dans les vingt - quatre heures, toujours dans un endroit chaud & en remuant à chaque fois la graine ; en vifitant ainfi les fachets, on connoît l'état préfent de la graine ; lorfqu'on s'apperçoit qu'elle commence à blanchir, on la vifite plus fouvent ; & enfin, arrivé au temps où elle s'annonce pour devoir éclorre inceffamment, il faut répéter cette opération à toutes les heures, la nuit ainfi que le jour. Pour vous mieux convaincre de cette néceffité, je vous prie d'obferver, que la matiere

fluide & glaireuse renfermée dans
la coque que le Ver a percée en naif-
fant, fe répand fur toutes les autres, & qu'elle y fermenteroit &
croupiroit, fi on ne lui donnnoit
de l'air.

QUESTION XXXIII.

*Combien de temps faut-il ordinairement
pour faire éclorre la graine ?*

Le temps que la graine met à
éclorre, dépend du plus ou moins
de chaleur qu'elle aura reffenti pendant l'hiver. Si l'endroit où elle aura
été confervée étoit chaud, la graine
éclorra plus promptement : il en eft
de même, fi les mois de Février &
de Mars ne font pas froids. Quoiqu'il y ait un proverbe qui dit, *Tard
à éclorre, tard à tout*, & qu'on ait
obfervé que les Vers les plus dili-
gens à la montée & au filage, font
ceux qui ont été les plus prompts à
éclorre, néanmoins la couvée ne

veut

veut point être pressée. Lorsqu'elle est brusquée dès le commencement par une trop grande chaleur , la graine n'éclôt jamais bien. Il en périt une grande partie , & ce qu'il en reste est sujet à une maladie , qu'on nomme *Grasserie* ; c'est ce qu'il arrive ordinairement lorsqu'on est surpris par la poussée de la feuille ; alors on est effrayé de ce contre-temps , & on veut avancer la couvée par le secours d'un trop grand dégré de chaleur. On ne doit cependant pas dans cette occasion , en aller plus vîte : il faut toujours graduer insensiblement la chaleur d'un jour à l'autre , & attendre sans impatience le moment fixé par la nature & la saison. Enfin, pour dire quelque chose de précis , on observera que la graine bien hivernée, éclorra en neuf à dix jours , autrement en dix ou douze ; si ces termes sont abrégés de moitié , il périra beaucoup

H

de Vers dans la durée de l'éducation.

QUESTION XXXIV.

Si la graine éclôt trop lentement, n'eſt-il pas quelques moyens qui puiſſent hâter la naiſſance du Ver?

Il n'eſt point d'autres moyens pour hâter la naiſſance des Vers, qu'un redoublement d'attention à tout ce que nous avons dit dans les réponſes aux précédentes queſtions.

QUESTION XXXV.

Si toute la graine n'éclôt pas, après combien de jours connoîtra-t-on que celle qui n'a pas éclos, n'éclorra pas du tout?

Il en eſt de cette ſemence comme de toutes les autres. Quelques pré-cautions qu'on ait priſes, quelque ſoin qu'on ſe ſoit donné, il eſt bien difficile que ſur environ quarante-deux mille œufs que contient une once de graine , il n'y en ait quelque peu qui ne soient sans germes ou qui n'aient souffert de quelque accident dans la nature , qui nous sont inconnus ; c'est pourquoi , après les deux premiers jours où l'on a commencé à sortir des Vers de la couvée , on abandonne ce qu'il reste de graine , parce qu'alors on est assuré que ce reste n'éclorra pas ou ne produira que des Vers tardifs & paresseux , qui ne seront point aussi vigoureux que les premiers , & toujours d'un mauvais rapport. Aussi avons-nous toujours observé , que ceux des premieres levées ont toujours le mieux réussi. Nous conseillons donc , pour compenser le déchet qu'on ne peut absolument éviter , de mettre couver quelques onces de plus de graine , qu'on ne se propose d'abord d'en élever ; par exemple , une demi-once sur quatre , & de suivre la même proportion dans une plus

H 2

grande quantité. Par ce moyen, on pourra faire en sûreté le sacrifice de la graine pareſſeuſe.

QUESTION XXXVI.

Ne peut-on pas, avant de mettre éclorre la graine, lui donner quelque préparation qui puiſſe en aſſurer la réuſſite ?

J'ai dit ci-devant, que l'expérience nous a appris que les meilleures préparations à faire aux graines, ſont de n'en faire aucunes ; j'ajouterai ici, que les bains dans l'eau ou dans différentes qualités & nature de vins, que quelques perſonnes pratiquent, ſont plus propres à refroidir la graine, qu'à l'animer.

QUESTION XXXVII.

Les odeurs bonnes ou mauvaises, ne peuvent-elles pas empêcher la graine d'éclorre ?

La graine est une coque qui renferme une matiere glaireuse , dans laquelle se conserve l'embrion ; cette coque n'est susceptible d'aucunes des impressions que les bonnes ou les mauvaises odeurs peuvent communiquer, qui ne sauroient l'empê- cher d'éclorre. En Provence & en Languedoc, le sac aux graines est suspendu au plancher de la cuisine ; l'humidité peut la pourrir , une ge- lée très-forte tuer le germe, la seule chaleur peut la faire éclorre , & le froid la retenir au-delà du terme or- dinaire.

QUESTION XXXVIII.

*Lorsque la graine commence à éclorre,
faut-il lever sur le champ les Vers
éclos, & pourroient-ils périr, si on
les laissoit un ou deux jours sans leur
donner de la nourriture ?*

Si la couvée a été bien faite, les
premiers Vers qui paroîtront seront
bien-tôt suivis de nombre d'autres ;
il n'est pas douteux qu'ils ne vinssent
à périr, si on les laissoit sans nourriture pendant deux jours & même
moins, surtout étant renfermés dans
le nouet, & dans le degré de chaleur qui les a fait éclorre : quand je
dis qu'ils périroient, je veux seulement vous faire entendre que vous
ne les éléveriez pas jusqu'à la premiere mue.

QUESTION XXXIX.

Quelle est la meilleure méthode d'élever les Vers éclos?

Si les graines ont été mises dans des sachets ou nouets, on aura eu soin pendant le temps de la couvée, de préparer de petites boëtes de six pouces de diamètre, pour chaque once de graine. Dès qu'on s'apperçoit que les Vers commencent à éclorre, par quelques-uns qui ont quitté leur coque & sont répandus sur la toile, il est temps alors de verser toute la graine dans les boëtes sur une légere couche de coton, recouverte d'un linge souple, blanc & usé : on égalise le mieux qu'on peut la graine sur cet espece de matelas; on la couvre ensuite d'un parchemin criblé de petits trous & qui aura été coupé à la mesure de la boëte : c'est sur ce parchemin qu'on jettera de la feuille de mûrier, après quoi on fermera la boëte de son couvercle, & on la tiendra dans le même endroit où étoient les sachets, c'est-à-dire, dans le même dégré de chaleur; on visitera d'heure en heure cette boëte pour donner de l'air aux graines, en les éparpillant doucement & légérement avec la barbe d'une plume; on conçoit que pour cet effet, il faut à chaque fois enlever le parchemin sans déranger les feuilles de mûrier qu'on a mis dessus, ce qui se fait avec facilité, ayant attaché des fils de chaque côté du parchemin, qui se croisant & se rassemblant par un nœud dans le milieu, vous donne toute l'aisance nécessaire pour le sortir de la boëte. Toute cette opération doit se faire dans un lieu chaud, & à l'abri de l'air extérieur.

Si la couvée a été commencée dans des boëtes, au lieu du sachet, vous ne ferez alors qu'ajouter aux boëtes

boëtes le parchemin que vous couvrirez de feuilles, & en uferez pour le refte, comme il vient d'être dit.

Si la couvée a été couverte dans une étuve, ce fera encore la même chofe, le parchemin fera mis dans les tamis avec des feuilles de mûriers.

L'ufage en général, eft de fe fervir d'un papier criblé au lieu du parchemin : cependant ce dernier eft préférable, parce que le papier attirant l'humidité des feuilles de mûrier, fe colle contre les graines & les refroidit ; ce qui empêche quelquefois le Ver de quitter auffi facilement fa coque, & de fortir par les trous dont le papier eft criblé pour aller à la feuille.

Après avoir ainfi difpofé fes boëtes ou tamis, on ne tarde pas à voir éclorre les Vers & fe répandre fur la feuille de mûrier , dont l'odeur excitée par la chaleur , leur ouvre l'appétit. On attend que les feuilles de mûrier soient suffisamment garnies de Vers pour faire la premiere levée, c'est-à-dire, ôter ces mêmes feuilles avec les Vers qui les couvrent, pour les mettre dans d'autres boëtes plus grandes, au fond desquelles on aura placé une feuille de bon papier.

Après cette premiere levée, on remet le parchemin criblé sur les graines; on le garnit d'autres feuilles de mûrier pour une seconde levée qu'on obtient plusieurs heures après, & qu'on léve de même pour être mises dans une autre boëte. On fait ainsi dans un jour trois & même quatre levées, & n'y ayant qu'une seule once de graines dans chaque boëte de la couvée, il arrive qu'il en reste fort peu à éclorre pour le lendemain ; si au contraire, vous avez mis plusieurs onces dans la même boëte à l'épaisseur d'un travers de doigt , comme le conseille M. l'Abbé Sauvage, ce ne sera qu'a-près plusieurs jours que vous serez assuré de toute la levée de vos Vers, parce que dans cette épaisseur, tous ne ressentent pas le même dégré de chaleur, & que ceux qui restent à éclorre, ont peine à percer à tra-vers de tant de coques qu'ils entraî-nent apres eux par le fil qu'ils com-mencent à jetter en naissant ; ce qui les fatigue.

Les feuilles de mûrier suffisam-ment garnies de Vers , sont portées dans d'autres boëtes , comme nous l'avons dit : ces dernieres doivent avoir un pied en largeur sur un & demi ou deux en longueur , avec un rebord d'un pouce & demi de hauteur ; il faut avoir attention de placer ces feuilles couvertes de Vers éloignées les unes des autres & seu-lement dans le milieu de la boëte , de sorte qu'elles n'occupent que le tiers environ du fond, parceque les Vers étant destinés à rester dans cette boëte jusqu'après leur premiere mue, & grossissant tous les jours, il arriveroit qu'ils ne pourroient pas y contenir, si dès le commencement on ne prévoyoit pas leur état futur, en les tenant fort au large.

QUESTION XL.

Ne doit-on pas séparer les levées que l'on fait dans les boëtes à couver, à mesure que les Vers éclosent ?

Cette attention est importante, pour rendre les Vers plus égaux au temps de la montée ; mais pour ne pas multiplier les classes, il suffira de séparer toutes les levées d'un même jour, & de conserver jusqu'au bout cette égalité d'âge, afin de n'être pas obligé, lorsque les Vers voudront filer, de ramer en un jour toutes les tables, ce qui seroit difficile, & donneroit beaucoup d'embarras. On fera très-bien d'en user de même, lors de la couvée, c'est-à-dire, de ne pas commencer la couvée de toute sa graine le même jour, mais d'en faire plusieurs, à la distance d'un, deux ou trois jours; par cet arrangement, l'éducation, il est vrai, sera plus longue, mais elle sera plus sûre, & donnera moins d'embarras; d'ailleurs, s'il arrive des temps qui soient capables de nuire aux Vers qui fileront, vous aurez l'espérance d'un changement en faveur de ceux qui viendront après.

QUESTION XLI.

Faut-il conserver beaucoup de chaleur aux Vers dès qu'ils sont éclos?

La nature fait naître le Ver à soie couvert de poils, qu'elle lui entretient pendant le premier âge, qui se dissipent au second, & ne paroissent plus au troisième; ce qui dénote qu'ils ont plus besoin de chaleur en

naiflant & dans les premiers temps
de leur vie, que fur la fin. Il convient donc, après qu'ils font éclos,
de les entretenir au même dégré de
chaleur que celui qui leur a donné
la vie.

QUESTION XLII.

*N'eſt - il pas dangereux de les tenir
trop chaudement dans le premier
âge ? cela ne peut-il pas les rendre trop délicats & fuſceptibles de
l'impreſſion de l'air frais, lorſqu'ils
feront plus gros ?*

La chaleur que j'ai dit leur être
néceſſaire, ne pourroit nuire à ces
animaux , qu'autant qu'elle feroit
étouffée ; mais étant libre & pouvant fe diffiper aifément, on feroit
mal de la leur refufer ; ils en mangeroient moins ; car leur appétit fe
régle fur le plus ou le moins de chaleur qu'ils reffentent, & ils diffi-
peroient cependant beaucoup de

feuilles qui s'entasseroient dans la litiere ; d'ailleurs , après les deux premiers âges , ils font moins déli-cats, & l'impreſſion de l'air frais auquel on les accoutume infenfible-ment , ne peut leur nuire , parce que chaque jour de leur vie les avance dans la belle faifon ; il convient donc de ne rien négliger dans le com-mencement , de tout ce qui peut contribuer à les rendre forts & vi-goureux. Il femble qu'il fuffife , dit M. l'Abbé Sauvage , d'avoir mis une fois ces petits animaux en train d'al-ler , pour qu'ils fuivent d'eux - mê-mes la premiere impreſſion qu'on leur a donnée.

QUESTION XLIII.

Quelle nourriture convient-il de don-
ner aux Vers à soie dès leur naissan-
ce ; est-ce de la feuille des grands
arbres , des espaliers ou des pour-
rettes ?

Il est inutile de penser qu'au défaut de la feuille de mûrier, on puisse
élever les Vers avec celle d'autres
arbres, comme bien des personnes
semblent le croire ; les feuilles d'or-
mes, de rosiers, de chênes, de laitue, &c. leur sont absolument étrangeres ; s'ils en mangent pendant
quelques jours, ce sera sans grossir,
& ils pourroient également vivre
pendant le même temps sans manger & sans risque , pourvu qu'ils
n'eussent que peu de chaleur. Quant
aux différentes espéces de feuilles de
mûriers , il convient de leur donner
de celle du jeune sauvageon, soit qu'il
soit élevé en espaliers ou en pour-

rettes dans les pépinieres ; c'eſt cette feuille qui eſt la plus printaniere, celle qui ſe durcit le plutôt en avançant dans la ſaiſon, & qui demande par conſéquent à être ramaſſée la premiere. Il y a cependant un choix à faire dans ce même genre de feuilles ; la meilleure eſt celle provenue de la graine du mûrier-roſe ou d'Italie.

QUESTION XLIV.

La feuille des grands arbres ſeroit-elle trop nourriſſante, ſur-tout des arbres entés ?

On tarderoit trop long-temps à mettre éclorre les Vers, ſi, pour les nourrir dans le premier âge, on n'avoit à cueillir des feuilles que ſur les arbres ſauvageons à hautes tiges ; elles y paroiſſent fort tard ; on eſt ſouvent à la fin de Mai, que cette feuille eſt encore auſſi petite que celle du perſil ; il eſt vrai qu'auſſi-tôt que les chaleurs commencent à devenir sensibles , elle croît fort promptement, mais elle se durcit de même. La feuille des arbres entés à hautes tiges se présente plutôt, croît plus vîte & se soutient en maturité plus long-temps; si on ne la cueille pas pour en nourrir les Vers du premier âge , ce n'est pas que l'on craigne qu'elle fût dure ou trop nourrissante , mais c'est par économie qu'on la conserve jusqu'à ce qu'elle ait acquis toute sa grandeur : alors un arbre de dix ans, donne cinquante livres pesant de feuilles ; si elles eussent été ramassées auparavant, à peine en auroit-on retiré trois à quatre livres. J'ai vu un de mes voisins, essayer d'élever le produit de trois onces de graines avec la seule feuille du mûrier enté, appellé *Rose* ou d'*Italie* , & uniquement avec les bourgeons que ces arbres nouvellement plan-

tés, pouſſoient au long de la tige,
ou qui devoient être retranchés à
la tête ; ces Vers réuſſirent au-delà
de mes eſpérances & des ſiennes ;
ce qui prouve d'une part, que la
feuille du mûrier enté de cette eſpece, eſt bonne aux Vers dès le
premier âge ; & d'un autre côté,
que les bourgeons même ne leur
nuiſent pas.

QUESTION XLV.

N'y a-t-il pas une amertume dans la
feuille des pourrettes & des eſpa-
liers, lorſqu'ils ſont nouveaux, qui
puiſſe nuire à la ſanté du Ver?

Si ces feuilles ne ſont pas voiſines
d'un marais, ſi elles n'ont point été
brouïes par la gelée, ſi, trop près
de l'eau, elles ne ſont pas ſouvent
humeĉtées par les brouillards ou les
roſées, enfin ſi elles ſont cueillies
après que le Soleil ou les vents auront purifié l'air du matin, ces

feuilles doivent être fort convenables aux Vers ; & la jeuneſſe des plantes , bien loin de leur communiquer quelques défauts , ne peut que les rendre plus tendres & meilleures aux Vers.

QUESTION XLVI.

Lorſqu'on cueille la feuille pour ces jeunes Vers , ne faut - il pas ôter toutes les pointes jaunâtres , comme mauvaiſe nourriture , & ne leur donner uniquement que des feuilles vertes ?

Si par les pointes jaunâtres dont vous me parlez , Monſieur , vous entendez celles qui ſe trouvent encore au bout de chaque feuille après les gelées de la fin d'Avril ou du commencement de Mai, il faut ne point cueillir alors ces feuilles : ce reſte de jaune qu'elles ont encore, ne provient que de ce que la sève qui les avoient abandonnées, ne les a pas encore regagné entiérement ; deux jours de plus les rendront entiérement vertes ; si cependant on n'a point d'autres feuilles, on peut les donner aux Vers telles qu'elles font, ils ne s'attacheront qu'aux parties vertes, dont les fucs les nourriront. Si vous entendez parler des bourgeons qui terminent les nouveaux jets, & qui font de nouvelles pouffées à la branche, il y a bien des gens qui croient que cette pouffe tendre & comme en herbe, pleine de fuc, engendre la maladie de la grafferie ; en conféquence ils ont l'attention d'éplucher toutes les feuilles après la troifiéme mue, ce qui n'eft pas d'un grand embarras dans une petite éducation. M. l'Abbé Sauvage affure avoir fait l'expérience de nourrir tous les Vers d'une table, avec cette jeune pouffe de la cîme des branches, & n'avoir prefque point eu de gras dans cette par-

tie , tandis que tout en fourmilloit
dans une autre à côté , nourrie avec
de la feuille ordinaire ; d'où il in-
fére qu'il est inutile d'éplucher la
feuille , & que bien loin que celle-
ci engendre des gras, c'est elle au
contraire, qui peut garantir les Vers
de cette maladie. Quant à moi ,
Monsieur , je ne puis blâmer ceux
qui , dans une petite éducation, ne
donnent point à leurs Vers de ces
nouveaux scions ; j'ai toujours observé que les Vers ayant une feuille
faite à manger , négligent celle - là ,
que j'ai presque toujours vu sortir
des litieres toute entiere ; la cause
en est peut-être , de ce qu'elle se flétrit aussi-tôt qu'elle est cueillie , &
tombe en pourriture. Quoi qu'il en
soit , dans un grand attelier, il n'est
pas possible , à moins d'y occuper
bien du monde , d'éplucher la feuille ; il doit suffire de savoir que ces
nouveaux scions, quoiqu'ils ne soient

pas autant au goût de nos Vers que
la feuille ordinaire, néanmoins ils ne
peuvent nuire.

QUESTION XLVII.

Combien de fois par jour faut-il don-
ner à manger aux Vers dès qu'ils
sont éclos ?

L'usage le plus constant, & le
sentiment du plus grand nombre de
ceux qui ont écrit sur cette matiere, est de ne donner aux Vers, dès
qu'ils sont éclos & jusqu'à ce qu'ils
dorment de la premiere mue, que
deux repas dans le jour, un le matin
& l'autre le soir. Un très-bon Praticien, dont nous avons un Mémoire, exige que ce soit de trois en trois
heures, le jour comme la nuit, &
que l'on hache la feuille ; enfin, M.
l'Abbé Sauvage (qui est aussi de l'a-
vis qu'on doit hacher la feuille) réduit communément ces repas à trois
dans le jour ; savoir, un le matin, le

second à midi & le troisiéme le soir
avant de se coucher. M. l'Abbé Sauvage dit aussi, que le nombre & la
dose des repas doivent être réglés
sur la chaleur de l'attelier, parce que
les Vers se morfondroient, si, avec
beaucoup de chaleur, on leur ser-
voit peu de feuilles, & que d'un
autre côté, celle-ci s'entasseroit &
se dessécheroit à pure perte, si l'on
en jettoit beaucoup à des Vers qui
n'auroient qu'une chaleur médiocre. Voilà, Monsieur, la pratique
que je suis moi-même, en observant
aussi de ne jamais donner un nouveau repas, que le précédent n'ait
été rongé ; alors entretenant le même
dégré de chaleur, il n'y aura jamais
de risque de multiplier les repas, &
d'en donner trop souvent, sur-tout
en jettant peu de feuilles à la fois aux
Vers. C'est le moyen de leur former
un bon tempérament dans leur jeu-
nesse.

QUESTION

QUESTION XLVIII.

Est-il essentiel de hacher la feuille aux Vers dans le premier & second âge?

J'ai vu observer cette pratique dans de petites éducations. M. Sauvage la recommande beaucoup : « C'est un très-bon usage, dit-il, » de hacher ou de couper avec un » couteau la feuille en menus mor- » ceaux, pour la répandre plus éga- » lement sur l'aire ou la place que » les Vers occupent ; ils font tous, » par ce moyen, à portée de man- » ger sans beaucoup se déplacer, & de » manger tous également; au lieu que » s'entassant sur les trochets de feuil- » le entiére, qui laissent toujours de » grands vuides, si l'on veut n'en » donner que la quantité nécessaire, » les uns mangent plus que les au- » tres, ils croissent inégalement; ce » qui est un inconvénient qu'on doit » éviter. D'ailleurs, en coupant la

K

» feuille en menus morceaux , on
» préfente aux Vers une plus grande
» quantité de bords ; & c'eft par-là
» qu'ils l'attaquent plus volontiers ;
» on fait les morceaux plus grands,
» à mefure que les Vers avancent
» & paffé la feconde mue, on donne
» dans les âges fuivans, la feuille tou-
» te entiere ».

Le même Praticien , Monfieur qui confeille de régler les repas de trois en trois heures, aux Vers qui viennent d'éclorre, donne dans fes Mémoires , la maniere de hacher la feuille ; il faut l'émonder du bois des mûriers , & autres parties étrange-res qui peuvent s'y rencontrer , ar-ranger enfuite les feuilles dans la main, autant qu'elle peut en conte-nir , les couper avec un couteau bien tranchant , fur une planche de fa-pin qui foit neuve & polie au rabot, pour la jetter à mefure dans des ur-nes de terre verniffées. Cette opération doit se faire le matin & le soir, pour en avoir de toutes prêtes aux repas de la nuit, qu'il faut exactement recommander. Pendant les deux premiers âges des Vers, on ne doit couper la feuille que de l'épaisseur d'un écu, &, passé ce temps-là, lui donner l'épaisseur d'un doigt.

Comme on ne peut point argumenter des faits résultans d'une petite éducation, contre ceux d'un nombreux attelier, & que dans le premier cas, on attribue souvent ses succès à des soins qui peuvent avoir été au moins indifférens, je ne dirai point que cette pratique ne puisse être bonne; mais je souhaiterois que dans ce cas, on pût avoir assez de bras à ses ordres, pour hacher cette quantité de feuilles : cependant, outre que je ne saurois penser que cette méthode puisse être, soit en petit, soit en grand, d'une sorte d'importance, ne pourroit-on pas objeƈter à M. l'Abbé Sauvage, que c'eſt s'éloigner de la nature, que de couper ainſi les morceaux à nos inſeƈtes, qui, en attaquant la feuille dans ſa circonférence, la mangent dans ce ſens juſqu'aux fibres, par l'inſtinƈt naturel qu'ils ont de commencer par la partie la plus tendre pour y prendre du goût & de l'appétit ? Au ſurplus, en ne laiſſant point manquer de nourriture aux Vers, tant qu'ils auront bien mangé celles des précédens repas, on n'a point à craindre qu'il y en ait dans le nombre qui en ſoient privés ; & s'ils ſont obligés de ſe déplacer pour chercher la feuille, ce que M. Sauvage veut éviter, cet exercice leur eſt favorable, puiſqu'il leur fait quitter la litiere dans la place qu'ils y occupoient, les rafraîchit pour le moment & augmente leur appétit. Tout ceci n'eſt que conjeƈture, mais peut bien être oppoſé à celles ſur leſquelles on veut établir la pratique de la feuille hachée. Je n'ajouterai point ici comme preuve, l'expérience que j'en ai faite; elle me réussit si mal, que je ne l'ai pas répétée; un seul essai ne doit mériter aucune considération.

QUESTION XLIX.

Combien les Vers à soie ont-ils de maladies ?

Les Vers à soie ont quatre mues dans le cours de leur vie, qu'on nomme vulgairement *maladies*, parce qu'ils en font violemment fatigués, & que beaucoup y périssent : les soins qu'on leur donne, diminuent le déchet sur la quantité de Vers qu'on nourrit, mais ne peuvent jamais l'empêcher entiérement. Ces mues cependant ne doivent pas être regardées comme maladies, mais comme une révolution dans leur nature, dont rien n'est capable de déranger le cours, ni de changer les fymptômes & les accidens. Ces quatre différens états leur font naturels & néceffaires; on les appelle *mues* ou *dormilles* , parce qu'ils y dorment réellement, & parce qu'à chacun ils fe dépouillent de leur peau , pour en prendre une nouvelle. On connoît un autre Vers à foie qui n'éprouve que trois mues, & qui s'apprête à filer lorfque les autres muent pour la quatriéme fois; mais ce Vers , beaucoup plus petit que ceux que nous élevons, pour l'ordinaire , réuffit fi mal en France , & donne un fi petit & fi foible cocon , qu'on a renoncé à l'élever.

QUESTION L.

Combien de jours mangent-ils, depuis qu'ils sont éclos, jusqu'à leur pre-miere mue ?

On ne peut déterminer précisé-ment l'intervalle que les Vers mettent, depuis qu'ils sont éclos jusqu'à leur premiere mue. Ce terme est plus ou moins long, & dépend du dégré de chaleur dans lequel ils auront été tenus, de la qualité de la feuille dont ils auront été nourris, & de la beauté de la saison. Si la couvée a été bien faite, si les Vers ont été élevés au même dégré de chaleur qui les a fait naître, c'est-à-dire, entre le seize ou le dix-huitiéme dé-gré ; si cette chaleur n'a point été étouffée, & qu'elle ait eu un écha-pement ; si la feuille n'a point été broüie par la gelée, qu'elle soit ten-dre & bien verte ; si enfin le temps n'est point nébuleux, froid & humide, les Vers alors n'emploieront que six à sept jours au plus à manger, depuis leur naissance jusqu'à la premiere mue, & en seront dehors le huitiéme ; si au contraire, on leur refuse des soins, & que la saison leur soit contraire, soit pour la chaleur, soit pour la qualité de la feuille, vous ne devez pas être surpris s'ils demeurent douze à quinze & même diz-huit jours avant que d'entrer ou être dehors de leur premiere mue : vous devez craindre alors qu'ils ne vous donnent que peu de produit.

QUESTION LI.

Qu'entend-on par ce terme de mala-dies ? *Est-ce un sommeil , ou en-gourdissement du Ver ?*

C'est l'un & l'autre, sans pouvoir être appellé *maladie ,* comme nous l'avons dit, en répondant à la question quarante-huitiéme. Cet état les affoiblit beaucoup ; cependant il leur

est

est naturel & même nécessaire, dit-
on, pour la cuite des parties gluti-
neuses dont ils forment ensuite leur
fil, ils ont besoin pour lors que la
chaleur leur soit augmentée, afin de
leur donner des forces pour sortir de
cet état léthargique.

QUESTION LII.

Faut-il donner à manger aux Vers,
lorsqu'ils font en mue ?

La feuille qu'on leur donneroit
alors, seroit perdue, parce qu'ils ne
la mangeroient pas ; cette perte seroit
peu de chose, mais les Vers alors s'entassant dans la premiere litiére, se
trouveroient encore surchargés par
la feuille nouvelle ; ils n'ont besoin
alors que d'être tranquilles & en repos : ainsi on ne doit point remuer
les boëtes dans lesquelles ils sont ; il
ne faut pas même leur donner aucune fumigation ou parfum.

L

QUESTION LIII.

A quoi connoît-on que les Vers sont en mue ; quelle est alors leur figure ?

Lorsque les Vers veulent entrer en mue, ils perdent l'appétit ; ils paroissent languissans ; leur peau devient luisante ; ils se cachent dans la litiere ou le reste des feuilles ; ils se séparent des autres, & pendant environ deux jours, ils demeurent immobiles & sans manger. Dans le fort de cet état, leur tête devient grosse ; ils la tiennent levée ; leur bouche blanchit ; leur peau se ride ; ils deviennent plus courts qu'auparavant, & lorsqu'ils vont en sortir, ils se tourmentent extrêmement pour se dépouiller de la vieille peau qu'ils laissent & qu'on voit dans la litiere. Tous ces symptômes s'apperçoivent bien mieux dans les mues suivantes, parce que le Ver est plus gros.

QUESTION LIV.

Faut-il nettoyer plusieurs fois les tables ou les boëtes dans le premier âge des Vers, & avant qu'ils aient atteint la premiere mue ?

Si les Vers entrent dans leur premiere mue, après six, sept ou huit jours de leur naissance, on attendra qu'ils en soient dehors pour les lever de dessus leur premiere litiere ; si au contraire, cette mue est retardée de plusieurs jours par les contre-temps dont nous avons parlé à la question quarante - neuviéme , & qu'en passant la main sous cette litiere , on la trouve humide , il faut alors séparer la derniere couche de feuilles des couches inférieures ; ce qui se fait sans beaucoup d'adresse, en commençant à la lever ou dé-chirer par un bout de la boëte & en la roulant sur elle - même , quoique les Vers soient dessus, jusqu'à l'autre extrémité ; on soutient dans sa main ce rouleau pendant le temps qu'il faut pour jetter dehors l'ancienne litiere ; après quoi déployant ces premieres couches dans le fond de la boëte, on donne de la feuille fraîche aux Vers, qui se répandent aussi-tôt. On nomme cette pratique *Châtrer la litiere*. Cette opération ne se fait au plus qu'une fois dans le premier âge, & dans le cas seulement où la litiere étant trop épaisse, fait craindre qu'elle ne se pourisse & ne se corrompe ; ce qui feroit périr les Vers.

QUESTION LV.

Faut-il laisser les Vers près les uns des autres, ou les tenir clairs & séparés ?

On perdroit beaucoup de feuilles, si l'on tenoit les Vers trop séparés les uns des autres ; si on les tenoit aussi trop épais, il y auroit à crain-

dre que la matiere de leur tranfpiration croupiffant autour de leur
corps, ne s'altérât & n'acquît une
qualité nuifible à leur fanté. C'eft
pourquoi, en répondant à la queftion trente-huitiéme, nous avons
recommandé, lors de la premiere
levée après la couvée, de ne placer
les feuilles garnies de Vers, que dans
le tiers de la boëte, dans le milieu
feulement, & les feuilles même efpacées les unes des autres. Le premier repas qu'on donne aux Vers,
remplit ces intervalles dans lefquels
ils fe répandent, & chaque jour
jettant proportionnellement de la
feuille dans ce qu'il refte de vuide à
la boëte, les Vers groffiffant, trouvent à fe mettre à l'aife;ils demandent
dans cet âge d'être tenus plus ferrés
& plus près les uns des autres, que
dans les âges fuivans. Un peu de
pratique vous apprend bien-tôt à
connoître le vrai milieu qu'il con-

vient d'obferver entre celles de les
tenir trop clair ou trop épais ; nous
ajouterons feulement pour ceux qui
n'en ont jamais élevé , que dans ce
premier âge des Vers, il faut que
chacun de ces animaux , fi on pouvoit les arranger dans la boëte, euf-
fent autant de diftance des uns aux
autres , qu'ils occupent chacun de
places : on peut ainfi en juger par le
coup d'œil.

QUESTION LVI.

*N'y a-t-il pas du danger à les chan-
ger de place , lorfqu'ils font malades ?*

Nous entendons toujours par le
mot de *malades* , le temps de la mue.
Nous avons dit à la Queftion cin-
quante-uniéme , que les Vers dans
cet état , n'ont abfolument befoin
que de repos & de chaleur ; ce feroit
les faire périr, que d'ofer dans ce
moment les fortir de leur place.

QUESTION LVII.

Les Vers entrent-ils & sortent-ils de maladie tous en même-temps?

Cela n'arrive jamais ; cependant on l'obtiendroit , ou du moins l'à peu près , si en les sortant de la couvée, on avoit été bien soigneux de séparer chacune des classes de levée : ce qui est très-avantageux & fort pratiquable dans une petite éducation d'une once ou deux de graines ; mais dans de plus grands atteliers , il arrive à cet égard , ce que nous éprouvons , lorsque nous mettons couver la graine , c'est-à-dire , des longueurs d'un ou de deux jours ; comme , dans ce dernier cas , nous ne levons pas les premiers Vers qui paroissent & que nous attendons que les feuilles en soient assez garnies pour en paroître noires, de même devons-nous attendre d'en voir la quantité la plus considérable de-

L 4

hors de la premiere mue, avant que de commencer à vouloir changer de place ceux qui en font fortis.

QUESTION LVIII.

Combien de jours reftent-ils malades?

Si nous calculons le temps de la mue par fes différentes périodes, nous compterons trois à quatre jours : fi nous ne voulons parler que de celui dans lequel les Vers font en dormilles & dans le fort de la maladie, ce temps fera réduit à vingt-quatre heures feulement ; mais dans une boëte remplie de Vers, on dit communément qu'ils font en mue, lorfqu'on voit en général que c'eft le plus grand nombre ; & de ce moment à celui où le total en fera forti, il s'écoulera à peu près trois jours ; au refte le dégré du 18 au 20 d'une chaleur libre & point étouffée, hâtera ce terme.

QUESTION LIX.

A quoi connoît-on que le Ver sort de maladie ; quelle est alors sa figure ?

Lorsque les Vers à soie sont sortis de leur mue, on leur voit de l'empressement à quitter & à s'éloigner de la litiere ; quant à leur figure, il faut bien avoir observé celle qu'on leur a reconnue auparavant pour en faire une juste distinction, quoiqu'elle en differe beaucoup, parce que les Vers sont encore si petits, qu'on a de la peine à appercevoir la différence ; la pratique donne cette connoissance très-promptement ; la seule couleur qu'ils ont alors d'un gris cendré & velouté, suffit en la comparant à la couleur rousseâtre & à la peau luisante qu'ils avoient avant la maladie, pour ne pas s'y tromper.

QUESTION LX.

Faut-il parfumer les Vers ? n'y a-t-il pas du danger à le faire ? quels sont les meilleurs parfums & la maniere de les employer ?

Vous ne trouverez point, Monsieur, d'Auteurs qui aient écrit sur l'éducation ou le régime des Vers à soie, qui n'aient conseillé les parfums, comme une chose très-utile & très-avantageuse à ces insectes ; plusieurs même, en prescrivant ces parfums, ne font aucunes distinctions pour le temps où il convient de leur procurer ce secours, d'avec celui ou d'autres pensent qu'il leur seroit nuisible. « Parfumez (dit M. » Constant Castellet) les Vers à soie » sortis & changez de la premiere » mue, avec du thym. Vous les par- » fumerez aussi toutes les fois qu'il » régnera des brouillards, ou que le » temps sera froid & humide ». Il conseille auffi de placer au milieu de l'appartement, un rechaud avec de la cendre chaude , fur laquelle on mettra une petite bouteille pleine de vinaigre, dans laquelle il y aura trois ou quatre clous de gérofle & un morceau de canelle ; ce réchaud fera entretenu jufqu'après que les Vers auront été changés de leur mue. Le même Auteur donne la recette d'un parfum particulier , qu'il indique comme un préfervatif affuré contre les maladies qui attaquent ordinairement les Vers à foie au fortir de la mue. Ce parfum confifte dans quelque peu de ftorax calamite , autrement dit en larmes, ou du commun, fi le premier eft trouvé trop cher , que l'on brûle dans un réchaud au milieu de l'appartement , le même jour que les Vers auront été changés, & le matin du jour fuivant : avec ce fecours , quelques malades qu'ils foient , quelques désefpérés qu'ils paroiffent, au moment qu'on a brûlé ce ftorax, cet Auteur affûre, qu'on voit fortir de leur bouche une goutte d'eau jaunâtre & vifqueufe, qui eft cette humeur qui les incommodoit, & dont étant délivrés, ils reprennent leur vigueur & leur appétit. Je finirai ce qui regarde le fentiment de cet Auteur, par l'obfervation qu'il fait lui-même fur l'article des parfums. « Au » refte, comme l'on pourroit méfu- » fer des différens parfums que je » confeille, je dois répéter, que ja- » mais il ne faut parfumer les Vers à » foie tandis qu'ils font en mue ; ce » feroit le vrai moyen de les faire » périr ».

On trouve dans un Mémoire *fur l'éducation des Vers à foie*, imprimé à Poitiers, un autre procédé de parfum, avec lequel l'Auteur de cet Ouvrage prétend exciter l'appétit des Vers. Son compofé eft de

l'encens ou du benjoin , des zeftes
ou pelures de pommes de reinette
féchées, & un peu de jambon; on
mettra le tout enfemble fur du feu
dans des réchauds au milieu de l'appartement. Je tranfcrirai encore une
autre recette de parfum, qu'on trouve dans un *Traité fur les Vers à foie*,
imprimé à Paris. « On place un
» grand réchaud de feu bien allu-
» mé au milieu de la chambre ; on
» prend une poële, & fans y mettre
» d'eau, on fricaffe des herbes odo-
» rantes avec du lard ou des mor-
» ceaux de jambon , & on fait en
» forte que cela jette beaucoup de
» fumée : cette efpece de parfum
» fait beaucoup de bien aux Vers ».
Voilà , Monfieur , à peu près tous
les parfums qu'on met en ufage , &
fur le bon effet defquels on compte
trop. Lorfque j'ai élevé des Vers en
plein air fans abris & fans foins, je
n'en ai jamais apperçu aucuns qui

aient été attaqués des différentes maladies connues dans nos atteliers &
contre lesquelles on emploie ces différens parfums ; la raison qui les en
exemptoit, étoit sans doute l'air libre qu'ils respiroient ; quoique cet
air fût souvent chargé de vapeurs ;
quoique ces animaux mangeassent
de la feuille mouillée, & qu'ils es-
suyassent des froids & de grandes
chaleurs : toutes circonstances qu'on
donne, pour être le principe des maladies qui les font périr. Je pense
qu'elles ne les attaqueroient pas, si,
avec les soins qu'on prend, on étoit
fermement persuadé, que le plus
essentiel de tous, est de conserver
la salubrité de l'air dans l'attelier,
& la plus grande propreté dans l'appartement. M. Sauvage observe avec
raison, qu'anciennement les Vers à
soie réussissoient mieux qu'à présent ; la raison qu'il trouve de cette
différence, est qu'autrefois on éle-

voit peu de Vers dans de grands appartemens, & qu'aujourd'hui, on en éléve beaucoup dans de petits logemens ; ce qui ne peut que corrompre l'air par les exhalaifons des litieres, & nous engage à recourir à ces parfums, dont on fe pafferoit fi les atteliers étoient conftruits de maniere à y pouvoir fans cefle renouveller l'air , & laiffer à la chaleur du feu qu'on y pratique, un échappement fuffifant, pour qu'elle ne refoulât pas fur les Vers & les litieres. Quoi qu'il en foit de ces parfums, ainfi que de l'extrême confiance qu'a M. Conftant Caftellet dans leur ufage ; j'obferverai qu'il ne dit pas, comme M. Sauvage l'a cru, que ce fecours difpenfe d'autres foins; il paroît craindre au contraire, qu'on en abufe , par l'attention qu'il a à n'en recommander la pratique que dans le temps feulement où les Vers ne font pas dans leur mue ; mais fi, comme il dit , ces parfums font fi favorables dans le moment qu'il défigne , & fi contraire dans un autre , puifqu'il affû- re qu'il les feroit périr , l'admini- ftration de ce remede me paroît auffi embarraffante que difficile , parce que dans un même attelier où l'on n'a pu conferver affez d'égalité dans l'âge des Vers , & dans les différens états & périodes de leur vie, il s'en trouvera toujours qui entrent ou font en mue, tandis que d'autres en fortent ; de maniere que ne pou- vant empêcher que tous à la fois ne reffentent les impreffions des par- fums, les premiers périront , pour avoir voulu donner ce fecours aux autres ; il faudroit donc , pour en ufer avec avantage , avoir autant d'atteliers qu'on auroit de différen- tes claffes de Vers ; ce qui feroit non - feulement embarraffant, mais même impraticable. Quoique je n'aie

jamais

jamais usé de ces parfums, ma confiance dans les lumieres de M. Constant Castellet, me fait regretter que l'usage en soit difficile ; mais je crois qu'on pourroit le réserver pour le temps où les Vers de tout un attelier sont à la grande frese, & sortis des quatre mues ; alors il me semble que le storax brûlé dans l'appartement, peut corriger l'air par l'acide qu'il contient, fortifier la peau de nos insectes, & reveiller ainsi par de légeres irritations, ceux qui paroissent lâches, & ne vouloir pas monter sur les rameaux.

QUESTION LXI.

A quel dégré de chaleur faut-il tenir l'appartement des Vers dans leur premier âge ?

La chaleur du dix-huit au vingtiéme dégré du Thermometre de M. de Reaumur, est celle qui me paroît le mieux convenir, en sup-

M

posant un appartement dont le plancher soit élevé de dix à douze pieds avec des ouvertures pour la laisser échapper, ainsi que les exhalaisons des atteliers ; avec ce dégré de chaleur, l'appétit des Vers se soutiendra suffisamment, pour une éducation qui durera 38 à 40 jours. M. Sauvage pousse cette chaleur jusqu'au trente-sixiéme dégré, & abrege cette éducation de quinze jours ; il faut croire que ces essais n'ont été qu'en petit & dans de vastes appartemens. J'en ai fait une dans les chaleurs du mois de Juillet, qui ne dura que 28 jours, avec des graines qui venoient d'être pondues. Les cocons que je recueillis furent très-bons, mais plus de la moitié ou environ les trois quarts des Vers périrent ; mon essai étoit tout au plus d'un quart d'once de graines, les Vers furent nourris avec de la feuille de la seconde poussée qui étoit tendre.

QUESTION LXII.

A quoi peut-on connoître que certains Vers ne profiteront pas ; quelle est leur figure , & qu'est-ce qui peut en occasionner le dépérissement ?

Les observations à cet égard , commencent à se faire , dès que les Vers sont éclos. On augure bien ou mal de leur réussite , selon la couleur qu'ils apportent en naissant. On en distingue de trois especes , les roux , les cendrés & les noirs ; cette différence de couleur vient du dégré de chaleur que les œufs ont eu à la couvée. Des nourriciers , très-expérimentés d'ailleurs , l'attribuent aux phases de la lune. La couleur la plus décriée , c'est la rousse ; elle provient d'une chaleur trop forte & au-delà du trentiéme dégré , à la couvée ; celle d'un gris cendré , est , selon le sentiment de M. Sauvage , la meilleure , & qui indique

un bon tempérament ; enfin la cou-
leur naturelle, eft la noire ; cependant, fuivant le même Auteur, c'eft la pire de toutes. « On ne doit fai-
» re , dit-il , aucun fond fur ces
» Vers ; ils traînent à la naiffance ,
» aux mues & à la montée, où ils
» n'arrivent qu'à peine , après avoir
» diminué de plus de la moitié. Cette
» couleur provient d'une couvée
» fpontanée (c'eft-à-dire natu-
» relle) ou prefque fpontanée ».
Ce jugement de M. Sauvage eft contredit par ceux de tous les autres Auteurs, & j'oferois prefque dire, par l'expérience, fi je ne croyois que par la couleur grife qu'il préfere, nous ne fuffions déja d'accord fur cette prétendue couleur noire, qui ne l'eft cependant jamais affez parfaitement, pour être abfolument décidée ; quoi qu'il en foit, cette couleur noire a toujours été reconnue la meilleure : au refte, M. Sau-

vage dit ailleurs, que si la couvée a été bien faite, la couleur des Vers sera toujours bonne; j'en excepterai cependant totalement la rousse; l'expérience m'a démontré qu'il falloit ne pas entreprendre d'élever ces sortes de Vers, & que le mieux qu'on avoit à faire, c'étoit de les jetter & faire une nouvelle couvée, avec un feu ou une chaleur plus modérée que la premiere.

On observe encore, que lorsque les Vers tardent trop à entrer dans leur premiere mue, c'est-à-dire, jusqu'à douze & quinze jours, le produit n'en sera pas avantageux; cette circonstance provient de ce qu'ils auront souffert du froid, qu'ils auront peu mangé, & que la feuille qu'on leur aura donnée, aura été broüie par la gelée & jaunie par les vents du Nord : les Vers font alors fur un tas de litiere, qui est d'autant plus humide, qu'elle n'est formée que par les feuilles qu'on y trouve toutes entieres. On voit les Vers qui cherchent à en sortir, & qui se répandent sur les rebords de la boëte, tant en dedans qu'en dehors ; ils ne grossissent point, leur couleur est roussâtre, leur peau luisante : ces indices annoncent qu'ils ne profiteront pas, si on ne vient promptement à leur secours, en châtrant la litiere comme nous l'avons dit, en leur donnant une chaleur convenable, & une nourriture meilleure : ce dernier article dépend plus de la saison, que de nous-même, si nous n'avons pas de la feuille dan s quelque abris.

QUESTION LXIII.

Lorsque les Vers sortent de leur premiere mue, comment les leve-t-on des boëtes ?

Aussi-tôt qu'on s'apperçoit que le plus grand nombre des Vers est

dehors de la premiere mue, on leur
jette de la feuille fur laquelle ils fe
répandent bien vîte ; alors il faut
les enlever de la boëte fans les toucher, en prenant les flots de feuilles
où ils font attachés, que vous met-
trez dans d'autres boëtes beaucoup
plus grandes que les premieres, en
écartant chaque flocon de feuilles
les uns des autres d'environ d'un
pouce dans leur circonférence, parce que vous devez prévoir que les
Vers grofliront dans ce fecond âge,
du double au moins de ce qu'ils ont
fait dans le premier ; c'eft par cette
raifon que, quoique vous vous fer-
viez alors de boëtes beaucoup plus
grandes, il vous en faudra au moins
deux pour contenir les Vers que
vous fortirez d'une infiniment plus
petite : & fi dès leur naiffance vous
avez au coup d'œil eftimé qu'il falloit à chaque Vers le double d'efpace que chacun en occupoit, il faut

de la premiere mue à la seconde,
leur conserver le double d'épaisseur de leur corps des uns aux autres. En sortant les Vers de cette
premiere boëte, observez avec soin
de n'en point enlever qui ne soient
sortis de la premiere mue, & si vous
en appercevez sur les flocons de
feuilles qui ne le soient pas, ôtez-
les & les mettez à part ; cela est
facile, car ces Vers ne s'acrochent
point à la feuille, comme ceux qui
ont passé la mue. Vous pourrez ensuite en faire une boëte particulie-
re, à laquelle vous donnerez un dégré de chaleur de plus, pour exciter cette espéce de Vers à manger
& à entrer en mue ; malgré cette attention, il est bien dangereux que
vous ne puissiez les sauver tous.

Nous avons dit, que pour lever
les Vers de cette premiere mue, on
leur donne de la feuille avec laquelle
on les transporte dans une autre
boëte

boëte plus grande : ne vous atten-
dez cependant pas , que dans une
premiere levée ainſi faite , vous puiſ-
ſiez avoir tous les Vers de cette même boëte ; comme il y en a toujours
qui entrent en mue plutôt que les
autres, ce feront ces premiers que
vous leverez ; ceux qui auront eu
plus tard cette maladie, en ſortiront
plus tard auſſi, & vous ne les léve-
rez que le lendemain , de la même
maniere que vous aurez fait pour
les premiers. Ces tardifs reſteront
tranquilles juſqu'à ce qu'ils ſoient
éveillés ; vous ne leur donnerez
même point de feuilles dans cet état,
ce fera aſſez pour eux, d'avoir été
éclaircis par le nombre de ceux que
vous aurez levés de la boëte; ce qui
étant un poids de moins dont ils
étoient accablés, hâtera leur reveil
& facilitera la peine qu'ils ont à ſe
débarraſſer de leur peau.

N

QUESTION LXIV.

*Peut-on cueillir la feuille dès le matin,
n'y a-t-il point d'inconvénient à le
faire ?*

On ne doit jamais cueillir la feuille
qu'après quelques heures de soleil,
& de l'air du matin, pour enlever &
dissiper la rosée de la nuit, & celle
qui tombe au lever du soleil ; il faut
attendre que cette feuille soit parfaitement séche ; je dirai la même
chose sur la cueillette de la feuille
après ou immédiatement avant le
coucher du soleil, qu'on doit aussi
s'interdire par la même raison de la
rosée du soir ; ainsi il ne faut ramasser
la feuille que dans le fort de la journée.

QUESTION LXV.

S'il n'est pas à propos de cueillir la feuille dès le matin , celle cueillie de la veille donnera-t-elle une aussi bonne nourriture au Ver?

La feuille qui sera cueillie dans l'après-midi, sera tres-bonne à donner aux Vers dans le premier repas du lendemain.

QUESTION LXVI.

Quelle est la meilleure maniere de conserver la feuille?

Il faut si peu de feuilles dans le premier âge des Vers à soie, que l'on peut, pour la conserver plus fraîche, la tenir dans quelques vases de terre ou de faïence , couverts d'un linge & portés dans un endroit frais de la maison; après le premier âge, la nourriture formant un plus grand volume, on mettra la feuille dans des benes ou grands baquets

N 2

en bois. Enfin, lorsque le temps sera arrivé, où il faut pour chaque jour plusieurs quintaux de feuilles, on la répandra aussi-tôt qu'elle aura été ramassée, sur le parquet ou plafond d'un rez-de-chaussée qui soit frais, & qui n'aura qu'une ouverture ou jour du côté du Nord. Il faudra avoir attention, de peur qu'elle ne s'échauffe, ne fermente, & ne se flétrisse, de la faire souvent remuer par des bras forts & vigoureux, & dans tous ces cas, la porter dans l'attelier des Vers à soie un quart d'heure avant que de la leur servir, afin de lui faire perdre le trop de froideur qu'elle auroit contracté dans le magasin.

QUESTION LXVII.

Lorsque le Ver est sorti de sa premiere mue, prend-il beaucoup d'accroisse- ment; faut-il augmenter beaucoup la nourriture?

Nous avons déja dit ailleurs, que le Ver sorti de sa premiere mue, aug- mente en longueur & grosseur du double jusqu'à la seconde, il mange conséquemment beaucoup plus : il faut donc augmenter le nombre des repas, ou le volume de la feuille qu'on leur sert ; il convient cepen- dant mieux de leur donner plus sou- vent, que beaucoup à la fois, parce qu'on reveille plutôt leur appétit par de la feuille récemment servie , que par une trop grande abondance donnée en une seule fois: d'ailleurs, la feuille en est mieux économisée. Elle a moins de temps pour se flé- trir, le Ver la trouve plus à son goût, & à chaque fois qu'elle lui est donnée, vous jugez plus furement de l'état de fon appétit, ce qui doit régler la mefure de la nourriture; on ne doit jamais en laiffer manquer les Vers, tant que l'on voit que leur appétit fe foutient : ce qui eft la marque la plus affurée que l'éducation fera courte, & la récolte bonne ; s'ils ne mangent pas dans le premier & le fecond âge, c'eft une preuve qu'ils n'ont pas affez de chaleur dans l'attelier, ou que celle qu'ils ont, reflue fur eux & les incommode. Pourquoi les Vers élevés en plein air, ne commencent-ils à filer qu'un mois après ceux élevés dans nos atteliers, fi ce n'eft par les froids, la chaleur & autres intempéries de l'air auxquels ils font expofés? Ils ne contractent, il eft vrai, aucune des maladies qu'ils ont fous nos toits; mais leur vie en eft prolongée, leurs cocons retardés, & la récolte toujours dans un trop grand péril, pour suivre cette méthode avec quelques sortes d'avantages. Une autre regle à suivre sur le plus ou moins de nourriture, c'est de la subordonner au plus ou moins de chaleur de l'attelier ; si, avec un dégré considérable de chaleur, on ne donnoit souvent de la feuille, les Vers périroient ; si, avec peu de chaleur, vous donniez beaucoup de nourriture, les Vers ne la mangeroient pas, & la litiere en seroit augmentée : enfin, ne vous bornez pas à un nombre de repas déterminé & fixe, mais donnez à mesure du besoin : ce sera toujours sans aucuns risques.

QUESTION LXVIII.

Pendant combien de jours les Vers mangent-ils , avant d'entrer dans leur seconde mue ?

Nous répondrons la même chose à cette question, que ce que nous

avons dit à la queſtion quarante-
neuviéme , avec cette différence cependant , que le paſſage depuis la
naiſſance juſqu'à la premiere mue,
eſt toujours un peu plus long , que
celui de la premiere mue à la ſeconde ; parce que cette derniere
avance contre la belle ſaiſon , &
que la feuille devient chaque jour
meilleure & plus nourriſſante ; on
peut avec cela être fort content ,
lorſque les Vers ne mettent que ſix
à ſept jours d'une mue à l'autre, &
que tous ceux qui compoſent une
boëte ou qui ſont ſur une tablette,
ſont entiérement hors de la mue
après le huitiéme jour.

QUESTION LXIX.

*Pourquoi , depuis la naissance jus-
qu'à la troisiéme mue , tient-on
les Vers dans des boëtes , & ne les
met-on pas sur les étageres ?*

Cette pratique n'a rien d'absolument essentiel ; cependant on fera
très-bien de la suivre. Les Vers , à
leur naissance , tiennent si peu de
place , & demandent cependant à
être près les uns des autres ; ils en
occupent encore très-peu depuis la
premiere mue jusqu'à la seconde , &
ce n'est que depuis celle - ci jusqu'à
la troisiéme , qu'ils commencent à
devenir d'un assez gros volume ;
mais jusques-là , en les tenant dans
des boëtes dont la grandeur se pro-
portionne toujours à leur croissan-
ce , on a plus de facilité à les servir , à les voir , à juger de leur état,
à séparer les mauvais d'avec les bons,
parce que prenant chaque boëte

l'une apres l'autre, on peut la porter devant une fenêtre, jouir de tout le jour néceſſaire pour l'opération qu'on a à faire ; on n'auroit point toutes ces facilités, ſi les Vers étoient ſur les tablettes de l'attelier. D'ailleurs, pour les changer ou ſortir de la litiere, on a une boëte qui a été bien nettoyée, frottée avec du ſerpolet ou de la lavande ; & ce changement de l'une à l'autre ſe fait avec plus d'aiſance, étant aſſis devant une table, que s'il falloit ſe tenir debout ſur un marchepied, & tranſporter les Vers du bout d'une étagere à l'autre ; on peut auſſi rapprocher davantage certaines boëtes du feu & en éloigner d'autres, ſuivant les beſoins : ce qui ne ſe feroit pas, ou du moins auſſi-bien, ſi dans ces premiers âges, on tenoit les Vers ſur les étageres.

QUESTION LXX.

Faut - il donner à manger aux Vers pendant la nuit ?

Nous avons dit, qu'il ne falloit point se fixer à un certain nombre de repas, mais qu'il convenoit de régler la nourriture à l'appétit des Vers, & au dégré de chaleur avec lequel on les éleve ; cependant en donnant de la feuille un peu fort à l'heure où l'on va se coucher, on peut très-bien ne pas se lever la nuit pour en donner de nouvelles, à moins qu'on ne jugeât par l'extrême appétit de ces animaux, qu'ils en auront absolument besoin ; car le grand art, est de les faire vivre beaucoup en peu de temps, & de hâter leur mue ; ce qui ne peut arriver, qu'autant qu'ils mangeront avec appétit & souvent ; si cet appétit ne se soutient pas toujours également, il n'est pas mal de les laisser plusieurs heures sans leur donner de la feuille, afin de la leur faire défi- rer, pour la leur faire manger après avec plus de goût & de plaisir: d'ail- leurs, un ou deux jours avant que d'entrer en mue, ils mangent fort peu; la raison qu'on peut en rendre, c'est qu'ils ont besoin de diminuer en grosseur, pour pouvoir quitter avec plus de facilité leur peau, qui étant devenue fort ample par la grande nourriture qu'ils ont pris avant le temps de la mue, devient à ce moment comme un fourreau dont ils se débarrassent plus aisément.

QUESTION LXXI.

N'y a-il pas du danger à leur donner trop de nourriture ?

Par tout ce que nous avons dit jusqu'à présent, l'on a pu juger qu'il n'y a du danger à donner aux Vers trop de nourriture, que dans le seul cas où ils ne la mangeroient pas;

alors on perdroit beaucoup de feuilles inutilement, on augmenteroit
les litieres, & on leur feroit bien
du mal.

QUESTION LXXII.

*Faut-il, dans ce second âge, donner
aux Vers la même qualité de feuilles
que dans le premier âge, ou mêler
la grande & la petite feuille ?*

On peut jusqu'à la troisiéme mue,
se contenter de donner aux Vers
de la feuille de mûrier sauvageon;
mais nous répéterons ici, que nous
désirons beaucoup que ce soit de
celle provenue de graines de mûriers entés, telle que celle du mûrier-rose, & non de cette petite
feuille qu'on nomme *femelle*, & qui
est dentellée; la premiere a plus de
suc, elle est plus tendre, se conserve mieux dans cet état, & le petit
estomac des Vers la digere mieux;
d'ailleurs, elle est plus approchante de

celle du mûrier-rose, qui doit après
faire leur nourriture. Au reste, comme il y a un intervalle de sept à
huit jours, de la seconde mue à la
troisiéme, on peut dans cet intervalle
leur donner de la feuille rose entée,
à quelques repas ; si ces arbres sont
bien feuillés, & si vous prévoyez en
avoir de reste au temps de la grande
frese, il convient mieux de leur servir quelques repas de cette derniere
feuille, qué de la mélanger avec la
petite, afin que les Vers d'un même
attelier mangent tous également de
la même feuille ; ce qui n'arriveroit
pas, si les deux espéces de feuilles
étoient mêlées, parce que les Vers ne
s'attachent qu'à la feuille qui est à
leur portée, & que leur instinct ne
les conduiroit pas à manger tous dans
le même repas de l'une & de l'autre.

QUESTION LXXIII.

Faut-il donner à l'appartement un dégré de chaleur plus fort ou plus doux, que dans le premier âge ?

Plus les Vers avancent en âge, moins ils ont besoin de chaleur ; mais si nous avons dit jusqu'ici, qu'il falloit régler leur nourriture ou leur repas, sur le dégré de chaleur dans lequel on les éleve, nous dirons ici, sans qu'il y ait aucunes contradictions, qu'il faut aussi régler le dégré de chaleur sur leur appétit ; ainsi, si on s'apperçoit que les Vers continuent à manger avec plaisir au dégré de chaleur que vous leur avez donné en naissant & dans le premier âge, on pourra n'y rien changer, & cependant commencer à la veille du troisiéme âge, à les accoutumer à l'air extérieur, en ouvrant pendant quelques minutes les fenêtres de l'attelier du côté opposé au vent qui souffle.

QUESTION LXXIV.

Faut-il nettoyer les étageres tous les jours, ou n'y a-t-il pas de l'inconvénient à les remuer trop souvent?

Si les mues des Vers se succedent les unes aux autres dans les intervalles de six, sept ou huit jours, il convient de ne nettoyer les étageres qu'à chaque fois que vous leverez les Vers d'une mue à l'autre, à moins que vous n'apperçussiez que leur grosseur étant fort augmentée, ils ne fussent trop à l'étroit sur l'étagere; alors, après avoir donné un repas, les Vers étant montés sur cette nouvelle feuille, vous en enleveriez une quantité suffisante que vous porteriez sur une autre tablette, & laisseriez les autres sur la litiere; par ce moyen tous s'en trouveroient mieux. Si les mues ne sont

pas

pas auffi rapprochées que nous avons
dit, ce fera une preuve que les Vers
auront peu mangé, & que la litiere
fera fort confidérable ; alors , dans
la crainte qu'elle ne fermente & ne
s'échauffe fous eux, il fera très-bien
de les déliter avant la mue. Ces chan-
gemens au refte ne font jamais de
néceffité tous les jours, il ne faut les
faire que dans l'extrême befoin entre chaque mue, parce que le mieux
eft de ne manier les Vers que le
moins qu'il eft poffible.

QUESTION LXXV.

Comment s'y prend-on pour ménager
les Vers, lorfqu'on les fort de deffus
la litiere ; & quelle eft la meilleure
méthode de les changer ?

Nous avons fuffifamment expliqué,
en répondant à la queftion foixante-
deuxiéme, la maniere de changer
les Vers d'une boëte dans une autre
dans leur premier âge ; ce qui nous

O

reste à dire, ne regardera donc que la méthode de les lever, lorsqu'ils sont aux dernieres mues & sur les étageres. A cette époque, il n'est point de moyens qui puissent dispenser de les manier un peu, parce qu'alors dans une grande éducation, le travail est vif & toujours pressé; ainsi la méthode des filets, celle des branchages entiers de quelques arbres dont bien des Auteurs parlent, tout est insuffisant ou ne peut convenir qu'à de petites chambrées. Dans de grands atteliers, la besogne dont il s'agit, se partage entre plusieurs ouvriers. Par l'arrangement que nous avons conseillé de donner aux étageres, chaque table doit avoir six pieds en longueur sur trois pieds en largeur; deux ouvriers se placent au même bout de cette table, l'un d'un côté, l'autre de l'autre, & enlevant avec la derniere feuille donnée, tous les Vers qui

font deſſus, à la diſtance d'un pied
& demi, ils les placent ſur ceux qui
les joignent & avec un ballet qu'ils
ont à leur ceinture, ils font auſſi-tôt
tomber à terre toute la litiere. Cette
partie de la table étant propre, ils
la frottent encore avec un paquet de
lavande & de ſerpolet, après quoi
ils reprennent les mêmes Vers qu'ils
avoient entrepoſés ſur ceux à côté,
& ils les rangent ſur ce même eſ-
pace d'un pied & demi, en obſervant de les mettre fort au large, &
de maniere que le vuide entre les
uns & les autres, ſoit au coup d'œil
trois fois plus grand que ce qu'ils
occupent de terrein ; continuant enſuite cette opération de la même
maniere, dans les quatre pieds &
demi de la table qu'il reſte à nettoyer, & ne prenant à chaque fois
qu'un pied & demi, ils arrivent ainſi
au bout de cette planche, & vont
apres à une autre juſqu'à ce qu'il

n'en reste plus qui soient dans le cas d'être nettoyées & les Vers changés ; ces ouvriers doivent avoir attention encore de ne toucher les Vers que le moins qu'ils pourront, dans la crainte de les blesser, & pour cela, de ne porter les doigts que sur la feuille où ils sont accrochés, & non sur les Vers mêmes. Cette pratique annonce plus d'embarras en la décrivant, qu'elle n'en a réellement dans l'usage ; un peu d'expérience met bien-tôt au fait les personnes les moins adroites.

QUESTION LXXVI.

Ne faut-il pas frotter les étageres avec quelque chose qui dissipe l'ordure de la litiere.

Nous avons dit, qu'après avoir enlevé & jetté sur le carreau la vieille litiere, on étoit encore en usage de frotter les tables avec des bouquets de thym, serpolet ou la-

vande. L'odeur de ces plantes diſſi-
pe celle que les tables ont contracté
par le ſéjour des litieres, & communique à tout l'appartement une odeur
meilleure, dont ceux qui travaillent
aux Vers à ſoie profitent, ſi elle n'eſt
même favorable aux Vers. Quoi qu'il
en ſoit, en frottant ainſi les planches, on les reſſuie encore mieux
qu'avec le ſeul balai ; ce qui, je crois,
eſt la meilleure raiſon qui fait que les
Vers s'en trouvent bien.

QUESTION LXXVII.

*Faut-il éclaircir les Vers, lorſqu'on
les change, ou les laiſſer épais ?*

Les Vers revenant à chaque âge
plus longs & plus gros, il faut de
néceſſité qu'ils occupent ſucceſſive-
ment plus de place ; & cela n'arrive
que par les ſoins qu'on a eus de commencer dès leur naiſſance à les porter
d'une petite boëte dans une grande, &
d'une étagere en faire deux, trois, &ç.

QUESTION LXXVIII.

Que fait-on de la litiere ? ne peut-on pas employer ce fumier à quelque ufage ?

A mefure qu'on nettoie les tables de Vers à foie , ce qu'on ne peut faire avec la vivacité que cette opé-ration exige , fans jetter fur le car-reau la litiere , il faut avoir des gens dont l'emploi eft de ramaffer cette litiere dans de grandes corbeilles d'un ofier fort & commun , pour la por-ter hors de l'attelier , parce qu'il s'en éleve des vapeurs qui corromproient l'air , feroient beaucoup de mal aux Vers , & incommoderoient les per-fonnes qui les fervent. Quant à l'u-tilité qu'on peut en retirer , il con-vient d'abord de dire , que fi les Vers ont été bien portant , & s'ils ont bien mangé , cette litiere fe trouvera très-féche , ce qui eft fort à défirer ; dans ce cas , on n'y trouvera que les

fibres des feuilles, & le crotis des
Vers ; le tout étant raſſemblé dans
les paniers ou corbeilles, on les ſe-
coue pour faire tomber le crotin
dans le fond, que l'on ſépare par ce
moyen des fibres & des reſtes de
feuilles. Ce crotin eſt un excellent
engrais pour les mûriers, & pour
toutes les plantes du jardinage ; il
eſt très-chaud, & veut être employé
ſagement & modérément, après lui
avoir laiſſé jetter ſon premier feu ;
& quant aux fibres & reſtes de feuilles, étant débarraſſées & ſéparées du
crotin, vous pouvez en régaler les
vaches qui en ſont tres-friandes ; il
faut même leur en donner peu à la
fois, & ne pas leur laiſſer ſuivre à cet
égard leur goût & leur appétit, ſans
quoi elles en ſeroient malades ; mais
en leur en donnant peu à la fois le
matin & le ſoir, elles augmenteront
prodigieuſement en lait, & engraiſ-
ſeront.

QUESTION LXXIX.

Lorsque le Ver veut entrer dans sa seconde mue, prend-il la même figure que dans la premiere ? est-il malade plus ou moins long-temps ? enfin la figure du Ver & le temps de la maladie, sont-ils les mêmes dans tous les âges ?

Ce que nous avons dit à la question cinquante-huitiéme, se rapporte également à celle-ci, mais devient plus sensible, les Vers étant plus forts. On commence même à appercevoir après la seconde mue, une espéce de petite corne pointue placée sur la queue de ces animaux. Toutes les mues au surplus, arrivent dans les mêmes périodes (toutes choses conservées égales) j'entends le dégré de chaleur & la nourriture.

QUESTION LXXX.

Lorsque les Vers sortent de la seconde mue, faut-il augmenter beaucoup leur nourriture & leur donner plus d'espace ; combien de fois par jour faut-il leur donner à manger ?

Il faut toujours régler la nourriture sur l'appétit des Vers, & leur servir plutôt plusieurs repas, que de leur en donner moins souvent, mais plus forts, comme font des nourriciers qui ont peu de monde pour le service des Vers, ou qui veulent s'éviter de la peine. On doit commencer à cet âge à les tenir plus au large qu'on n'a encore fait, & suivre au coup d'œil, l'à peu près de ce que nous avons dit ci-devant, en laissant sur les étageres trois fois plus de vuide que les Vers n'occupent de place.

QUESTION LXXXI.

Ne convient-il pas au troisiéme âge, de changer la qualité de la nourriture? Toute feuille de jeune plante doit-elle alors être interdite?

Ayant nourri jusqu'à cet âge, les Vers avec de la feuille de sauvageons, en pourrettes, palissades ou arbres à hautes tiges, & cette feuille étant épuisée, il convient alors d'attaquer les arbres de feuilles - roses entées, en commençant toujours par les plus jeunes, parce que ce font ceux sur lesquels la feuille s'est montrée le plutôt, & par conséquent celle qui durciroit la premiere; d'ailleurs, ces jeunes arbres étant dépouillés les premiers, s'en conserveront mieux & se formeront plus vîte. Une autre raison encore qui doit engager à attaquer les mûriers entés, c'est l'abondance de feuilles & la facilité de la cueillir, ce qu'on

ne trouve pas fur les mûriers fau-
vageons qui occupent beaucoup
plus de cueilleurs, & qui ont peine
à fournir dans le jour une quan-
titée fuffifante de feuilles pour un
grand attelier. D'ailleurs cette qualité de feuilles perfectionnées par la
sève, eft beaucoup plus foycufe que
l'autre, & plus au goût des Vers ;
elle eft même alors plus tendre. Mais
après avoir nourri les Vers avec de
la feuille rofe entée, il ne conviendroit pas de revenir à celle du fau-
vageon : outre que les Vers ne la
mangeroient pas avec goût, ils n'en
feroient pas auffi-bien nourris, ce qui
les retarderoit dans les autres périodes de leur vie ; & c'eft perdre beaucoup, que d'éloigner le temps de la
récolte, parce qu'elle n'eft jamais
bonne, lorfqu'elle eft tardive, & qu'elle refte toujours én péril.

QUESTION LXXXII.

Dans le temps de pluie, Comment doit-on sécher la feuille avant de la donner aux Vers?

Un des grands avantages du mûrier-rose enté, est celui de pouvoir en très-peu d'heures faire une provision de feuilles dans le magazin où l'on doit toujours en avoir en réserve pour un jour ; elle ne s'y flétrit, ni ne s'y échauffe point, si ce magasin est dans un rez-de-chauffée ; si elle est étendue sur le plat-fond sans y être trop en tas ; & si plusieurs fois dans le jour, on a soin de la remuer. Avec ces précautions, il est bien difficile qu'on n'ait pas toujours de la feuille en bon état à donner aux Vers, parce que d'une part les pluies du printemps ne durent pas pour l'ordinaire toute la journée, que le temps alors est assez chaud & l'air assez fort pour essuyer

promptement les feuilles ; & aussi-
tôt qu'on voit qu'elles sont en état
d'être cueillies, en doublant de bras,
on a en très-peu de temps une provision qui ne sera employée que le
lendemain, par la réserve de celles
que vous avez en magasin , qui doit
toujours être employée la premiere.
Si cependant (contre l'ordinaire)
il arrivoit que les pluies fussent con-
stantes pendant plusieurs jours de
suite & sans intervalles, il faudroit
bien ramasser des feuilles malgré la
pluie ; alors il faut faire chauffer des
draps ou linceuls dans l'endroit où
sont les feux de l'attelier , & remuant & secouant la feuille dans ces
draps, la sécher du mieux qu'il seroit possible ; comme cette opération est fort longue, & qu'on auroit
peine à y fournir, on peut diminuer la nourriture en diminuant en
même-temps le dégré de chaleur &
ouvrant quelques fenêtres de l'atte-

lier. Les Vers peuvent très-bien fupporter un jeûne entier de vingt-
quatre heures, fans en être incommodés; ils en fupporteroient même
un de plufieurs jours fans périr, mais
ils en feroient notablement retardés
& avec préjudice. Ces accidens, au
refte, font fort rares, & avec les
précautions que nous avons indiquées, pour avoir toujours en ré-
ferve la feuille néceffaire pour un
jour, cette premiere provifion peut
en faire paffer deux; & profitant des
intervalles où il ne pleut pas, il eft
bien difficile que fi on ne peut abfolument donner aux Vers la quantité de feuilles qui leur feroit néceffaire, on n'obtienne au moins de
quoi leur en donner pour les faire
fubfifter, fur-tout avec l'efpece de
mûrier dont nous parlons, fur lefquels en une heure, un ouvrier peut
ramaffer cinquante ou foixante livres. Au refte, le cas fâcheux dont

nous parlons, n'a jamais lieu à la troisiéme mue, parce qu'alors il ne faut pas encore une grande abondance de feuilles; ce danger ne seroit à craindre qu'après le quatriéme âge, & au temps de la grande frese. Nous ne pouvons encore nous refuser à une obfervation qui paroîtra bien finguliere à tous ceux qui font en ufage d'élever des Vers à foie. Ceux que nous avions en plein air & fans aucun abri, vivans en liberté fur des paliffades, effuyerent des pluies & des orages affreux pendant quinze jours; nous ne les perdions pas de vue pendant ces momens, aucuns ne cherchoient à fe mettre à l'abri dans le touffu de la paliffade; ils reftoient immobiles dans la même place, & fortement accrochés à la feuille ou aux branchages. Ils recevoient donc ainfi toute la pluie qui tomboit fur eux, ce qui eft d'abord affez extraordinaire , puisque nos chenilles d'Europe ont assez d'instinct pour savoir s'en garantir ; mais ce qu'il y a de plus étonnant , c'étoit de les voir manger apres la pluie, la feuille encore toute couverte d'eau , tandis que dans nos atteliers , on nous assure que la feuille mouillée est un poison pour eux & les fait périr. Cette différence n'est sans doute occasionnée, que parce que la feuille mouillée que nous ramassons & entassons, fermente avec l'eau dont elle est imprégnée : ce qui la rend mortelle aux Vers; ou parce que le Ver étant toujours dans un air libre & pur, & jamais sur la litiere , il est moins délicat sur la qualité de la nourriture.

QUESTION LXXXIII.

N'y a-t-il pas du danger de leur faire manger sur le champ des feuilles sur lesquelles le soleil aura donné d'a-bord après la pluie ?

Nous avons dit qu'il falloit profiter des intervalles où la pluie cessoit, pour ramasser la feuille ; s'ils sont accompagnés du soleil, la feuille en sera plutôt séche ; mais il faudra cependant un certain temps, pour que toutes celles de l'arbre soient suffisament essuyées. Pour y aider, on fera monter sur l'arbre pour en secouer les branches : le soleil au reste, ne peut nuire à la feuille, c'est un astre bienfaisant qui purifie tout. Il ne faut cependant pas y exposer la feuille qui a été cueillie ; sa trop grande chaleur l'échaufferoit, & déposée au magasin, elle fermenteroit.

QUESTION LXXXIV.

A-t-on eſſayé de nourrir les Vers à ſoie avec d'autre feuille que celle du mûrier ? Quel en a été le ſuccès ?

Il n'eſt aucun arbre, aucunes eſpéces de feuilles, qui puiſſent ſuppléer à celles du mûrier pour élever les Vers à ſoie ; tout ce qu'on peut avoir dit & écrit de contraire, n'a pu l'être ſérieuſement. Le mûrier eſt tout entier aux Vers à ſoie, comme tout autre arbre ou plantes leur ſont étrangeres ; les chenilles d'Europe de toutes les eſpéces qui ſemblent le plus ſe rapprocher du Ver à ſoie, reſpectent cet arbre & n'y touchent pas ; ſi le haſard en fait rencontrer quelques-unes ſur les mûriers, c'eſt une mépriſe de leur part, qu'elles ne tardent pas à reconnoître.

QUESTION LXXXV.

Quelle est ordinairement celle des quatre maladies où il périt le plus de Vers?

On a toujours regardé la troisiéme mue, comme la plus dangereuse, & celle où il périt le plus de Vers : je le crois de même ; cependant j'observerai, qu'alors les Vers étant plus gros, leur perte devient plus sensible à l'œil ; celle qu'on fait de la naissance à la premiere mue, & de celle-ci à la seconde, s'apperçoit moins, parce que les Vers qui périssent, étant infiniment plus petits, se confondent dans la litiere : quoi qu'il en soit de cette observation, c'est à la troisiéme mue que les vraies maladies aux Vers, commencent à se déclarer. On en voit qui sans être en mue, se retirent à l'écart sur le bord des tablettes ; ils sont d'une couleur verdâtre & luisante ; on les appelle

Luzettes : cette maladie eſt incura-
ble ; il faut les ſéparer des autres, &
les jetter aux poules.

QUESTION LXXXVI.

*Le grand jour nuit-il aux Vers ; faut-
il les en priver abſolument ?*

M. l'Abbé Sauvage , à qui nous
ſommes redevables de ſavantes Diſ-
ſertations ſur l'anatomie & la con-
formation du Ver à ſoie , obſerve
que c'eſt mal-à-propos que le vul-
gaire a prétendu qu'il n'avoit point
d'yeux. Il lui en a compté douze ra-
maſſés en deux petits pelotons, dont
il y en a un de chaque côté à la baſe
des machoires de l'animal , rangés
ſur deux lignes , ce qui les rend
très-ſenſibles aux impreſſions de la
lumiere qu'ils fuient toujours : il
ajoute , qu'indépendament des rai-
ſons de poſſibilité que l'on a , pour
croire qu'ils ont de l'averſion pour
le jour, ce qui peut lever tous les

doutes sur le penchant des Vers à soie vers l'obscurité, & faire juger qu'ils ne sont pas destinés à vivre au grand jour, c'est que le papillon qui en provient, est de ceux que les Naturalistes appellent *Papillon de nuit*; d'où l'on doit conclurre, que le Ver à soie lui-même est un insecte nocturne. Il est dans le cas de bien des chenilles, qui livrées à elles-mêmes & sous les seules loix de la nature, vivent dans les ténebres de la nuit & fuient la lumiere; cette seule observation, continue, M. Sauvage, fournit l'explication de l'aversion naturelle du Ver à soie pour la lumiere.

L'expérience nous a appris, que les Vers, à la lumiere ou au jour, s'entassent plus les uns sur les autres; qu'ils réussissent mieux dans l'obscurité; que s'il y a des malades dans un attelier, on en trouve davantage dans l'endroit qui est le plus éclairé, que dans celui qui eſt obſcur; cependant, comme l'air leur eſt néceſſaire, il ſera toujours très-bien de ne pas épargner les fenêtres dans les atteliers, ſauf à les tenir ſoigneuſement fermées dans le jour, & à ne les ouvrir que dans les momens deſtinés au ſervice des Vers, pour changer l'air de l'appartement; on peut auſſi, & cette méthode eſt bonne à ſuivre, mettre à chaque fenêtre un rideau fait avec une toile qu'on nomme *cordat*, teinte dans un vert très - foncé; ce rideau jette beaucoup d'obſcurité dans l'attelier, ſans néanmoins priver aſſez du jour pour n'en pas laiſſer ſuffiſamment à ceux qui ſont chargés de donner à manger aux Vers à ſoie.

QUESTION LXXXVII.

Les chaleurs excessives nuisent - elles aux Vers à soie.

Les grandes chaleurs font beaucoup de mal aux Vers à soie, c'est pourquoi on doit en hâter l'éducation le plus qu'il est possible, par tous les moyens dont nous avons parlé. Non - seulement ils en font abattus, mangent moins ; mais si elles les surprennent à la montée, ils font lâches, ne filent point, deviennent jaunes & se racourcissent, enfin ils meurent ; on les appelle *vaches :* cette maladie est contagieuse ; si vous en trouvez, hâtez-vous de les féparer des autres.

QUESTION LXXXVIII.

Le froid nuit-il aux Vers à soie?

Il n'en est pas des temps froids, comme de celui des grandes chaleurs ; le froid peut retarder les Vers, parce qu'il leur ôte l'appétit, mais il ne les tue pas, à moins qu'il ne soit très-considérable & très-long. J'en ai eu l'expérience dans les Vers que j'ai élevés en plein air ; leur récolte n'arriva que plus d'un mois après celle faite dans les atteliers, parce que les mois de Mai, de Juin & partie de Juillet furent froids & pluvieux ; ils ne mangeoient que fort peu pendant tout ce temps ; mais je n'en vis jamais aucuns attaqués des mêmes maladies que celles des chambrées, *deux jours de chaleurs après ces temps marqués, tous filerent.*

QUESTION LXXXIX.

Quel est le temps le plus contraire aux aux Vers à soie ?

Les Vers se portent toujours mieux dans les temps secs & avec le vent du Nord, que dans les temps humides, pluvieux & le vent du Midi ; la nourriture qu'on leur sert, est

toujours

toujours meilleure dans ce premier
cas, que dans le second : ce qui con-
tribue sans doute à leur état ; au reste, ils sont moins sensibles à cette
différence dans les premiers âges,
que sur la fin de leur vie ; c'est dans
cette derniere période & au temps de
la montée qu'un air chaud & étouffé
en fait périr beaucoup.

QUESTION XC.

*Plusieurs personnes prétendent , que
dans le temps où les chaleurs sont
excessives & l'air sans ressort , c'est
alors qu'il convient le plus de faire
du feu dans les appartemens des
Vers à soie , pour donner du jeu à
l'air ; quel est votre avis sur cette
méthode ?*

Le temps dont vous parlez, Monsieur, est si fâcheux pour les Vers ,
qu'il est bien difficile de se défendre
alors d'user de tous les expédiens
qui se présentent pour les soulager.

On cherche à corriger les qualités
de l'air en faisant des parfums, &
jettant du vinaigre sur une pelle
rougie au feu : par ces moyens on
divise l'air & on le renouvelle ; on
fait aussi quelques feux de flammes,
qui ne durant pas long-temps, re-
viennent au même but sans fatiguer
les Vers ; mais le mal que cette chaleur a causé, résiste pour l'ordinaire
à tous ces remedes. Nous observerons cependant, que les accidens
qu'elle occasionne, n'arrivent que
très-rarement dans des atteliers bien
construits, & où les soins ne sont
pas épargnés, parce que d'une part,
l'air y ayant plus de liberté, il ne
s'y concentre point ; de l'autre,
les nourriciers expérimentés savent
prévoir ces temps de touffeurs ; ils
ont soin de tenir les Vers fort à l'ai-
se, & de changer les litieres ; ils empêchent par-là les exhalaisons qui
nuiroient le plus aux Vers. Enfin je

dirai que le feu fait à propos & fagement conduit, eſt le meilleur reméde à oppoſer, mais qu'il deviendra très - contraire, s'il eſt fait dans un attelier bas, & qui n'ait pas des ouvertures dans le haut.

QUESTION XCI.

Lorſque les Vers paſſent promptement d'une mue à l'autre, eſt - ce un pré-jugé favorable de bonne récolte?

On ne peut pas avoir d'eſpérance mieux fondée d'une abondante ré-colte, que lorſqu'on voit que les Vers paſſent rapidement d'une mue à l'autre. C'eſt la meilleure preuve qu'on ait qu'ils ſont en bon état, forts & vigoureux, que la graine qu'on a fait éclorre étoit bonne, qu'elle avoit été faite & conſervée avec ſoin, & enfin, qu'on n'a com-mis aucune faute dans la couvée. Il faut, dans ce cas, avoir grande at-tention d'examiner ſi on aura aſſez de feuilles pour les nourrir jusqu'à la fin de l'éducation, s'en pourvoir à l'avance, pour peu qu'on puiſſe craindre d'en manquer; il vaut mieux même calculer ſur le plus que ſur le moins, & ne pas attendre aux derniers jours : car on pourroit en manquer, ou la payer à un ſi haut prix, que la dépenſe à cet égard diminueroit les profits. C'eſt ce qui arrive pour l'ordinaire dans les années favorables.

QUESTION XCII.

Les Mouches & les Fourmis ne ſont-elles pas dangereuſes pour les Vers? Comment peut-on s'en garantir?

On n'eſt expoſé aux fourmis que dans les endroits bas & humides. Comme ces endroits ne conviennent point à une éducation de Vers à ſoie, on n'en dira rien : il n'en eſt pas de même des mouches ; elles ſe réfugient aſſez volontiers dans un attelier qui est tenu chaudement, & elles y pullulent dans une grande quantité ; mais elles n'attaqueront point les Vers , s'ils sont tenus dans l'obscurité. Les mouches cherchent le grand jour , & les Vers à soie le fuient. Ces premieres ne s'animent & ne cherchent à manger qu'à la lumiere ; le Vers à soie , au contraire, s'entasse & se cache dans la litière , s'il voit le jour. Les inclinations opposées de ces deux insectes, empêcheront donc avec des soins, qu'ils ne se rencontrent.

QUESTION XCIII.

Lorsque les Vers sont sortis de la quatrième mue , combien de fois par jour faut - il leur donner à manger ; & quelle qualité de feuille leur est convenable ?

Nous ne répondrons à cette Question que comme nous avons fait sur toutes celles qui avoient le même

objet, c'eſt-à-dire, que nous conti-
nuons de conſeiller de régler la quantité de nourriture ſur l'appétit des
Vers, & ſur le dégré de chaleur où
ils feront élevés, parce que ſi l'on ſe
fixe à un certain nombre de repas,
& que cependant ils ne ſuffiſent pas,
les Vers en ſouffriront notablement.
Si ce nombre de repas, au contraire,
eſt au-delà du néceſſaire, ce ſera de
la feuille perdue ſans néceſſité, &
une augmentation de litière toujours
funeſte aux Vers. Il vaut donc mieux
ne rien fixer à cet égard ; recommander ſeulement d'avoir attention à ce
que la feuille ſe conſomme avec œco-
nomie ; pour cet effet, il convient,
avant que de ſervir un nouveau repas, de relever les débris de l'ancien
ſur lequel les Vers ſont placés ; on les
excite, par-là, à en faire uſage juſqu'aux fibres.

Quant à la qualité de la feuille, la
plus convenable à cet âge, ce ſera

toujours çelle du mûrier rofe enté , cueillie fur les arbres les plus anciens dans la plantation.

QUESTION XCIV.

La légéreté de la Soie eft une de fes principales qualités ? A - t - on des preuves fi cette légéreté provient de l'efpèce de la graine , du genre des mûriers , de la qualité du terrein ou du climat ?

Une Soie, pour être belle , doit être légére ; elle doit avoir du nerf, & doit être brillante. Les raifons phyfiques qui peuvent donner à la Soie toutes ces qualités, ne font point du reffort de cette Inftruction; celles de l'expérience en tiendront lieu. Le choix de la graine ne peut point in-fluer fur aucune de ces qualités de la Soie , puifque nous voyons que la graine d'Efpagne & du Levant don-ne en France des Soies très-légè-res , tandis que dans le Pays d'où

elles font originaires, les Soies qui
en proviennent font lourdes & pe-
fantes ; le genre du mûrier peut y
avoir plus de part ; celui dont la feve
eft perfectionnée par la greffe, fournit plus abondamment que le fauva-
geon cette gomme foyeufe, que le
Ver nous rend dans ce fil précieux ;
& cette gomme eft plus ou moins
perfectionnée , par la qualité du
terrein & du climat où les mûriers
font placés : ce qui fait qu'on prife
davantage en Piedmont les Cocons
des montagnes que ceux de la plaine, ces derniers fe vendant moins
chérement que les autres , par la raifon fans doute que le terrein & l'air
étant plus légers fur les montagnes,
le fuc des feuilles en eft meilleur &
plus au goût des Vers ; ce qui , les
rendant plus forts & plus vigoureux,
leur fait ramaffer une plus grande
quantité de cette gomme , & les porte à la mieux divifer en la filant. Si

ce fil cependant n'étoit que fin, sans force, ou sans nerf, il perdroit son principal avantage. Mais l'on est encore assuré, par l'expérience, que les Vers à soie, nourris avec de la feuille du mûrier rose enté, donnent une soie plus forte que ceux élevés en entier avec la feuille du sauvageon ; & on s'en est convaincu lors du tirage des Cocons à la bassine. Ceux provenus par la nourriture donnée aux Vers avec le mûrier rose enté, souffroient d'être tirés à trois & quatre Cocons, tandis que pour ceux du mûrier sauvageon, il falloit en joindre sept ou huit, pour former un fil qui eût assez de consistance pour ne pas rompre à tous les instans au tirage ; d'où il résulte qu'il est impossible d'obtenir un aussi bel organcin, en nourrissant les Vers avec la feuille du sauvageon, qu'avec celle du mûrier rose enté ; puisque le fil des premiers se trouvera à sept à huit bouts

R

ou brins de Cocons, tandis que l'autre ne sera qu'à trois à quatre. On conçoit encore que cette différence, par la même raison, doit influer sur la légéreté : en effet, quand la qualité du mûrier rose ne la procureroit pas par elle-même, la facilité qu'on a de tirer cette Soie à trois ou quatre brins de Cocons, fait qu'elle est plus légère que si on étoit obligé d'en rassembler sept ou huit, qui, par cet excédent de nombre, devront naturellement donner à une étendue de Soie quelconque, plus de poids qu'à une étendue pareille de la part des autres. Nous avons si souvent répété cette expérience, que nous croyons fermement ne nous pas faire illusion. Il n'en est pas ainsi de celle que nous avons rapportée, quant à la qualité des Cocons, relativement à la nature du terrein où sont plantés les mûriers, non-plus que sur la distinction des Cocons de la plaine, d'avec ceux des montagnes. Ce que nous en avons dit, a été fur la foi des Marchands de Piedmont. Nous croyons même, toutes chofes égales, que des Vers nourris dans la plaine, rendront une Soie auffi belle, pour la légéreté & le nerf, que ceux nourris dans la montagne.

QUESTION XCV.

Lorfque les Vers font fortis de la dernière mue, pendant combien de jours mangent-ils encore, avant de faire leurs Cocons?

Les Vers fortis de la quatrième & dernière mue font arrivés au dernier période du tems de leur vie, où ils nous occupent le plus, & à celui où ils mangent davantage : leur appétit, après les trois premiers jours, eft une faim & une avidité fans pareille, qui font toujours cependant proportionnées au dégré de chaleur qu'ils reffentent. Cette faim fe foutient ainfi pendant sept à huit jours, après lesquels les Vers commenceront à filer leurs Cocons. Il ne faut point travailler à abréger ce terme, par un redoublement de chaleur; parce que les Cocons feroient plus petits, & peu fournis de soie: les Vers ne feroient pas nourris assez longtemps dans cet état, pour préparer d'une maniere convenable la gomme soyeuse, qui est la matiere de la nourriture.

QUESTION XCVI.

N'est-il pas à craindre qu'en leur donnant trop à manger ils ne puissent pas faire leurs Cocons?

L'appétit des Vers ne se régle point sur l'abondance de la nourriture qu'on leur sert; il faut que le besoin s'y trouve, sans lequel ils dédaignent la feuille qu'on leur donne, & qu'on leur prodigueroit sans nécessité. Par la raison contraire, il ne

faut pas craindre de leur en servir
tant qu'on voit qu'ils la mangent
& un repas bien fini, vous avertit
d'en servir un autre.

QUESTION XCVII.

Si les Vers étoient fort retardés , &
jusqu'à la fin du mois de Juillet , &
qu'alors la feuille vînt à manquer ,
pourroit - on leur faire manger la
feuille de la seconde seve , prise sur
les arbres qu'on auroit déja dépouillés
au commencement du Printems ?

Les Vers ne sçauroient être retardés jusqu'à la fin du mois de Juillet,
en supposant une couvée commencée au Printems. Si ce cas arrivoit ,
il conviendroit de jetter tous ces
Vers aux poules, parce qu'ils ne rendroient jamais assez , pour dédommager du tort qu'on feroit aux mûriers, en les dépouillant une seconde fois. Ce préjudice a été si bien reconnu , que non-seulement il n'est

pas permis en Piedmont de ramasser
sur les arbres cette seconde feuille,
mais il est encore défendu de cueillir
la premiere après la Fête de S. Jean.
Plusieurs personnes en Provence &
Languedoc en font aussi une clause
dans leur marché , lorsqu'ils affer-
ment leurs mûriers.

QUESTION XCVIII.

*A quoi connoît-on le Ver qui fera un bon
Cocon ? Sont-ce les plus gros qui
font les meilleurs Cocons ?*

Le Ver à soie , après la quatrième
mue , peut avoir environ deux pouces en longueur; mais il augmente
beaucoup pendant le tems de la
briffe ou de la grande frefe , & sa
croiffance , immédiatement avant la
maturité , est portée jusqu'à trois
pouces cinq ou six lignes. Si dans cet
état il est agile , & qu'on voie qu'il
se replie sans peine sur tous ses an-
neaux , on peut être assuré qu'il tra-

vaillera un bon Cocon. Les Vers les plus gros ne font pas ceux qui font les meilleurs Cocons ; il eft dange-reux même qu'ils ne périffent avant la montée, & ne deviennent vaches.

QUESTION XCIX.

Lorfque les Vers font fortis de la qua-trième mue, doit-on les nettoyer fou-vent, & fortir les litieres des éta-geres?

Si l'on étoit négligent à les rechan-ger, fi on laiffoit les litieres dans l'attelier, on leur cauferoit beaucoup de mal, & on fe mettroit en danger de perdre fa récolte. Comme ils n'ont plus que quelques jours à vivre avant de fe fermer dans leurs Cocons, il faut redoubler de foins, foit pour leur procurer l'air le plus libre & le plus pur, leur donner la nourriture la plus convenable, & les tenir dans la plus grande propreté ; parce que les Vers alors mangeant beaucoup,

ils se vuident de même ; & le crotin
échauffant la feuille qu'on leur sert,
en altéreroit la qualité, si on l'y laiſſoit séjourner trop longtems. Il convient donc de délitter les Vers tous
les jours, si la feuille n'eſt pas bien
mangée, ou de deux jours l'un, si
les litieres ne s'épaiſſiſſent pas.

QUESTION C.

*Lorſque le Ver eſt reconnu prêt à faire
ſon Cocon, doit-on le ſéparer des
autres ? Doit-on continuer de lui
donner à manger ?*

On reconnoît principalement que
le Ver eſt prêt à faire ſon Cocon,
parce qu'il ne veut plus manger,
ainſi, il eſt inutile de lui donner de
la feuille : il veut être ſéparé de ceux
qui ne ſont point encore dans le
même cas ; c'eſt un avant-coureur
qui annonce que bientôt tous les autres le ſuivront, je veux dire ceux
qui ont été de la même couvée que
ce premier.

QUESTION CI.

De quelle maniere doit - on faciliter au Ver le travail qu'il doit faire de son Cocon ? Quelle est la meilleure méthode pour le faire monter ? De quelle maniere faut - il ranger la bruyere ?

On ne doit point attendre le dernier moment où les Vers annoncent vouloir filer leurs Cocons, pour leur préparer des cabanes en bruyere, dans lesquelles on les place, après avoir reconnu qu'ils sont en maturité. On en juge ainsi, lorsqu'on les voit aller sur la feuille sans y toucher; lorsqu'ils restent la tête élevée, qu'ils la tournent sans cesse comme cherchant à s'accrocher à quelque chose; lorsque tout le corps devient transparent, & d'un roux tirant sur la paille; lorsqu'on les voit abandonner la litiere, & chercher à s'échapper par les montans des tables. Si dans

ce moment l'on n'a pas des cabanes
toutes faites, pour y porter les Vers
les plus pressés au travail, on se trouve fort embarrassé, & le péril est
grand pour la récolte; parce que les
Vers cherchant inutilement un endroit convenable, pour y jetter leur
premier fil, les ressorts de leur peau
s'affoiblissent par leur tendance con-
tinuelle; &, perdant toute transpiration par la vivacité qu'ils veulent
mettre à un travail inutile, ils se rac-
courcissent, ne filent plus, & meurent étouffés par la gomme soyeuse
qu'ils avoient rassemblée & préparée
dans leurs estomacs pour en former leurs Cocons. Il est donc de la
plus grande conséquence d'avoir plusieurs tables prêtes dans l'attellier où
l'on ait formé des cabanes. Si par négligence, ou autrement, on se trouvoit ainsi surpris, il faudroit alors,
pour tâcher d'arrêter cette grande
fougue des Vers, leur procurer au-

tant de fraîcheur qu'il vous sera poffible, en ouvrant les fenêtres de l'attelier. Le mieux fera cependant de ne fe pas mettre dans le cas ; & la maniere en eft facile , en réfervant dans l'attelier deux ou trois tablettes vuides (fuivant que l'éducation fera plus ou moins confidérable) que vous ramerez plufieurs jours d'avance. On entend par ramer, former des cabanes avec des plantes de bruyere , de genet , de chiendent, copeaux de Menuifier, ofier ou farment de vigne : de toutes ces efpèces de rameaux, celui de la bruyere doit avoir la préférence ; il faut en choifir les plantes les plus longues , & les avoir fait arracher fix femaines avant le temps de s'en fervir, afin qu'elles aient eu le temps de fe fécher , & qu'on puiffe , en les fecouant , les débarraffer de leurs feuilles , qui fe mêleroient dans la bourre du Cocon , & la faliroient ,

& qui d'ailleurs tenant peu à la plante, seroient un mauvais point d'appui sur lequel s'étaieroit le Ver pour
filer. Il faut d'ailleurs nettoyer ces
plantes de tous les chicots qui se
trouvent à six à sept pouces du pied,
& les couper toutes de même mesure : toutes ces opérations demandent
du temps ; ainsi, on ne sçauroit trop
prévenir à l'avance les soins pour
s'en pourvoir. On estime qu'un cent
pesant de ces rameaux secs & dépouillés de leurs feuilles, est suffisant
pour contenir un quintal de Cocons.
Ne regardez ceci que comme un à
peu-près, qui peut faciliter à déterminer la provision nécessaire.

Ayant donc préparé vos bruyeres,
comme nous venons de l'expliquer,
il ne s'agit plus que de former les
cabanes ; on commence par bien nettoyer les tables, & les frotter avec
quelques bouquets de serpollet ou lavande ; on prend ensuite une poi-

gnée de plantes de bruyere, coupées à un demi-pied plus haut que l'espace qu'il y a d'une étagere à une autre; on pose ces plantes debout sur les tablettes, & comme elles ont six pouces de plus, on est obligé de les recourber par le haut, ce qui les assujettit fermement à leur place : on les range par file en travers des étageres ; chaque file doit être éloignée l'une de l'autre d'un pied & demi. Après avoir posé la premiere, on force la bruyere de la seconde par le haut à se recourber vers elle ; ensorte que les deux files ensemble forment une maniere de voûte ou d'arcade, & c'est cette arcade qu'on appelle cabane. Lorsqu'il y en a une de faite, celle qui suit se fait de même, en recourbant la bruyere par le haut dans un sens contraire, & qu'on adosse à la premiere ; ainsi de suite sur la même table, qui, ayant six pieds de longueur, contiendra quatre cabanes.

Nous avons dit qu'il falloit nettoyer le bas des plantes de bruyere à
six à sept pouces, qu'on garnira (à
la place des chicots qu'on aura ôtés,
& qui auroient pu blesser les Vers)
avec du chiendent , pour faciliter
aux Vers à monter dans le haut de la
cabane.

Quatre cabanes, ainsi arrangées,
dans une étagere de six pieds de longueur, contiendront à peu-près une
fois plus de Vers qu'il n'y en avoit sur
la même tablette avant qu'elle fût
ramée: ainsi, les Vers de deux étageres logeront sur une; ce qui vous
donnera bientôt du large dans l'attelier, & assez de tepms pour dresser
d'autres cabanes.

QUESTION CII.

*Quelle est la meilleure espèce
de Bruyere ?*

La Bruyere la plus longue, & dont
la tige sera la plus droite , doit être

préférée à toute autre ; parce qu'elle s'arrangera mieux pour la forme des cabanes ; les brins font moins touffus : il eft d'ailleurs convenable de ne point trop ferrer ces plantes les unes contre les autres ; afin que les Vers trouvent mieux à s'y loger, & puiffent établir commodément leur travail.

QUESTION CIII.

De quoi peut-on fe fervir , pour remplacer la Bruyere dans le cas qu'on en manque ?

On peut , au défaut des Bruyeres , fe fervir de toutes efpèces de plantes & d'arbres , comme du genet , du chiendent , des différens ofiers , des farmens de vigne , des plantes de colfa ; mais il faut avoir attention de donner à toutes ces plantes beaucoup de folidité ; & pour cet effet , entremêler les plus foibles avec les plus fortes , & les foutenir par des farmens de vigne , principalement

sur le devant des cabanes, afin que
les Vers qui s'y accrocheront, ne
tombent pas à terre , après avoir
commencé à jetter leurs premiers
fils.

QUESTION CIV.

Doit - on mettre les Vers épais à la
bruyere? N'y a-t-il aucun inconvé-
nient à le faire?

Il y a de grands inconvéniens à
mettre trop de Vers dans une même
cabane. Nous dirons d'abord que
quoiqu'on n'y porte que ceux qu'on
a jugés mûrs, néanmoins, dans le
nombre il y en a toujours beaucoup
qui ont encore befoin de quelques
repas avant que de monter à la
bruyere : s'ils étoient trop épais, ils
s'échaufferoient; & cette chaleur,
jointe à celle intérieure qui les do-
mine , leur feroit mal. Ceux qui
montent fur la bruyere fe vuident
avant de travailler à leurs Cocons,

d'une

d'une eau gluante & visqueuse, qui,
tombant sur les Vers qui sont encore dans le bas des cabanes, les in-
commodent beaucoup, & qui, se
séchant sur eux, les roidit, & leur
ôte la souplesse nécessaire & dont ils
ont besoin pour filer. C'est une raison pour les tenir clairs, & pour
n'en point porter dans les cabanes
qui ne soient prêts à travailler. Une
autre raison bien pressante, pour ne
pas les mettre trop épais dans les cabanes, c'est celle de n'avoir pas de
Cocons doubles, c'est-à-dire, des
Cocons dans lesquels deux Vers ont
travaillé, & se sont fermés ensemble. Ces espèces de Cocons ne produisent qu'une soie très-grossiere,
difficile à tirer, & dont la valeur n'est
que le tiers de ce qu'on vend celle tirée des Cocons fins. Bien des gens
prétendent que cet inconvénient
n'est point l'effet de les tenir clairs
ou épais dans les cabanes, mais un

S

instinct dans ces insectes, qui les
porte à se joindre ainsi mâle & femelle. Cependant dans cet état de
Ver , n'y ayant aucune différence
dans leur sexe, & n'en portant que
le germe , qui ne se développe
qu'après leur métamorphose en cry-
salide , il faut croire que s'ils ressentent quelque penchant à se rapprocher , ce ne peut être qu'autant
qu'ils sont serrés & près l'un de l'autre sur les bruyeres, ou que le manque de place sur les rameaux les y
oblige. Quoi qu'il en soit, on trouve
peu de Cocons doubles dans les cabanes où les Vers ont été mis fort
au large ; j'observerai encore, & ce
fait est décisif, que les Vers que j'élevai en plein air , & qui formerent
leurs Cocons dans les palissades de
mûriers , sur un nombre d'environ
cinq cens, je n'en trouvai aucun de
double ; preuve certaine que ces insectes étant placés au large , ne cher-

chent point à se rapprocher, à moins que la place ne leur manque. On fera donc très - bien de ne placer dans chaque cabane qu'une petite quantité de Vers. Nous avons dit que deux planches de six pieds de longueur, fournies de Vers, garnissoient quatre cabanes faites sur une planche de même grandeur; c'est le plus qu'il en peut tenir : on conseille même d'en mettre un peu moins.

QUESTION CV.

Comment doit-on porter les Vers dans les cabanes?

Après avoir reconnu que les Vers font en maturité & prêts à filer, par les symptômes & différens renseignemens que nous avons donnés, dans la réponse à la centième Question , on les enleve facilement de dessus la planche , en leur présentant le bout du doigt où ils viennent s'accrocher , & on les porte dans une

cabane. Mais comme cette opération
seroit trop longue, si à chaque Ver
on étoit obligé d'aller & de venir
continuellement de l'étagere où ils
sont, à celle sur laquelle on a mis de
la bruyere; pour abréger, on prend
une assiette de faïence vernissée,
dans laquelle on met tous les Vers
qui demandent à monter. Lorsque
cette assiette est suffisamment remplie, on la porte dans une cabane,
où on la verse doucement; le poli
de cette assiete empêche les Vers de
s'y accrocher. Les Vers étant ainsi
placés dans l'intérieur de la cabane,
si on ne s'est pas trompé sur leur
état de maturité, on les voit aussitôt
grimper à la bruyere. Ceux qui ne
s'y placent pas, demandent encore
à manger: on leur donne de la feuille,
aussi souvent qu'ils paroissent en
avoir besoin; ce que l'on connoît
par leur appétit.

QUESTION CVI.

N'y a-t-il pas du danger à mettre les Vers dans les cabanes avant leur maturité ?

On risqueroit à perdre sa récolte, si on portoit les Vers dans les cabanes plusieurs jours avant celui où ils doivent commencer leur travail ; parce qu'étant obligé de les y nourrir, il seroit difficile de les y servir : d'ailleurs, ils s'y échaufferoient par le défaut d'air intercepté par les bruyeres, qui empêcheroient encore de les nettoyer. C'est aussi dans ces occasions où l'on en voit périr beaucoup chez ceux qui, n'ayant pas des cabanes prêtes, se contentent de ramer les étageres, sans égard à l'état plus ou moins avancé de leurs Vers. On ne doit donc garnir les cabanes que des Vers les plus prêts à filer.

QUESTION CVII.

Pendant combien de tems peut-on nourrir les Vers qu'on a placés dans les cabanes ?

Il faut se souvenir qu'on ne doit porter dans les cabanes que les Vers qu'on a reconnus prêts à filer, & que dans chaque cabane on ne doit en mettre qu'une quantité suffisante pour la garnir, sans qu'ils y soient trop épais. Si, après les y avoir placés, vous en trouvez, après vingt-quatre heures, qui ne soient pas montés à la bruyere, il faut cesser de les y nourrir, & les en ôter, pour les porter sur des rouleaux de bruyere ou chiendent que vous arrangez en forme de couronne dans les mêmes boëtes dont vous vous êtes servi, & dont nous avons parlé pour le commencement de l'éducation. Ces rouleaux de bruyere ou chiendent arrangés dans le tour de la

boëte, en laiffent le milieu vuide ;
c'eft dans cette partie qu'on doit placer les Vers auxquels on peut auffi
donner de la feuille, tant qu'on s'apperçoit qu'ils la mangent. On ne doit
pas diffimuler qu'on retire bien peu
de profit de ce fecours ; mais rien n'eft
à négliger, parce que fi ces Cocons
ne font point auffi propres à être filés
que ceux qu'on fort des bruyeres,
ils donnent de la filofelle ; ce qui
dédommage toujours en tout ou en
partie des frais de l'éducation. D'ailleurs, il ne conviendroit point de
nourrir pendant plufieurs jours ces
Vers dans les cabanes ; 1°. parce que
n'y ayant pas affez d'air, ils y périroient, & cauferoient une infection
dans l'attelier ; 2°. parce que ceux
qui font montés faliroient d'une
eau jaune & vifqueufe dont ils fe
vuident avant leur travail ; enfin,
parce qu'ayant marqué le jour où on
a commencé à mettre les Vers dans

les cabanes, cette époque doit régler celle où il convient d'en sortir les Cocons; ce qu'on ne pourroit faire, si chaque jour il se formoit des Cocons nouveaux, parce qu'on craindroit, pour les premiers, que les Vers ne les perçassent, tandis que pour les autres il y auroit du danger à ce qu'ils ne fussent pas entiérement finis.

QUESTION CVIII.

Comme tous les Vers ne montent pas en même temps, n'y a-t-il pas des précautions à prendre, pour éviter le mêlange des premiers montés, avec les derniers, pour ne pas être dans le cas de déranger le travail des derniers, lorsqu'on commencera à sortir les Cocons de la bruyere?

On répétera qu'il faut avoir attention de ne mettre dans les cabanes que les Vers reconnus bien mûrs & prêts à filer; qu'on ne doit pas se permettre, pendant au - delà de deux jours,

jours, de porter des Vers dans une même cabane ; & enfin, qu'on doit fortir de l'intérieur de la cabane, après vingt-quatre ou trente-fix heures au plus, tous les Vers qui ne feront pas montés fur les bruyeres ou rameaux. Si on en trouve beaucoup, ce fera une preuve qu'on fe fera trop preffé à les y porter.

QUESTION CIX.

L'attention de porter les Vers dans les cabanes, après qu'ils font mûrs, doit-elle avoir lieu la nuit comme le jour ?

Il ne faut pas douter que ce moment de travail ne foit très-vif, & qu'il n'exige des foins la nuit comme le jour ; c'eft le moment de la ré-colte, & la fin de toutes les peines qu'on a prifes. Cependant, en exa-minant de près les tables, furtout avec une bougie placée vis-à-vis de vous & de l'autre côté de la tablette,

T

on apperçoit facilement si le travail est pressant; parce que cette lumière vous fait voir si les Vers sont transparens. S'il y en a peu & éloignés les uns des autres, on peut aller se coucher, après avoir pris la précaution de jetter quelques plantes de bruyeres sur les tables. Le lendemain de grand matin, vous trouverez ces plantes de bruyeres, garnies de quelques Vers que vous placerez debout dans un coin de l'attelier, en les fixant d'une manière solide, dans l'endroit où vous les appuyerez; les Vers y feront leurs Cocons tout aussi-bien que dans les Cabanes.

QUESTION CX.

Combien de jours le Ver reste-t-il à faire son Cocon?

Pour être parfaitement certain que le Ver a fini son Cocon, & qu'il y a employé toute la soie dont il s'étoit pourvu, il faut calculer sur trois à quatre jours , depuis celui où il a commencé à s'accrocher à la bruyere.

QUESTION CXI.

Lorsque les Vers sont à la montée, craignent-ils le bruit, le grand jour, les odeurs ?

C'est un préjugé bien enraciné, & difficile à détruire, que celui de croire que les Vers à soie à la montée craignent le grand bruit , qu'il interrompt leur travail, & le leur fait abandonner. Cette opinion engage bien des gens à écarter de leur attelier tout ce qui s'y rapporte , & leur fait attribuer à la commotion que le bruit du tonnerre produit dans l'air tous les accidens qui arrivent aux Vers à soie dans ces tems-là. Il y a même des Villages où les habitans ont cessé d'élever des Vers, depuis qu'on a mis des troupes chez eux , parce qu'ils se sont persuadés que le bruit seul du tambour & des feux

dans les exercices empêcheroient les
Vers de faire leurs Cocons. Il en eft
de même de quelques fecouffes qui
peuvent être occafionnées dans l'attelier, foit en remuant les échelles,
ou en marchant trop fort & trop pe-
famment dans l'appartement. L'expérience nous a appris cependant
que ces accidens ne font point contraires à nos Vers. Nous dirons
d'abord que ce n'eft point au bruit
du tonnerre qu'on doit rien attribuer de fâcheux, mais à la qualité
de l'air, pendant les tems d'orages,
qui fe trouve chargé d'exhalaifons
fulphureufes; ce qui rend les Vers fi
languiffans, que c'eft par défaillance
qu'ils tombent des rameaux où ils fe
font accrochés, & non par l'effet de
la commotion qui les en détache.
C'eft pourquoi, il faut s'appliquer à
prévenir ces tems fâcheux, en cor-
rigeant la qualité de l'air, par quelques feux clairs, & le parfum du fto-

rax calamite, conseillé par M. de Castellet ; parce que lorsque le tonnerre se fait entendre, la plus grande partie du danger est passée. Il est encore très-convenable de tenir les portes & les fenêtres bien fermées, si la chaleur a des issues suffisantes par le haut de l'appartement, sans quoi, on en tiendroit une partie ouverte : la chaleur de l'attelier, dans ces occasions, étant encore plus funeste aux Vers que le tems de l'orage. Quant au bruit, tel que celui du tambour, ou autres équivalens, M. l'Abbé Sauvage assure avoir fait l'expérience de cet instrument de guerre dans son attelier, dans un tems où les Vers grimpoient à la bruyere, sans avoir apperçu que ce bruit les eût troublés : ces Vers au contraire, qui commençoient leurs Cocons, les continuerent avec succès. Cette expérience répétée, lui fit penser qu'ils ne seroient pas plus sensibles au bruit

T 3

du piſtolet ; il eſſaya d'en faire tirer pluſieurs coups, ayant l'œil ſur ces Vers, aucun de ceux qui montoient ne fut pas même ébranlé de cette violente ſecouſſe : ceux qui filoient, ne ſe détournerent pas ; & il vit le lendemain que tous avoient bien travaillé, ſans qu'il parût que l'ouvrage eût diſcontinué. « Après cela (dit » M. l'Abbé Sauvage) on convien- » dra, je crois, que le bruit d'une » caiſſe, dans le cas rapporté, eſt » plus ſenſible, ou produit de plus » forts ébranlemens dans l'air, que » celui de ſix de ces mêmes inſtru- » mens dans un éloignement de » vingt-cinq-à-trente pieds, ſurtout » lorſque ce bruit, qui eſt paſſager, » eſt émouſſé par l'interpoſition des » murs & des volets de l'attelier. Il » faut en dire autant du coup de » piſtolet ; ainſi, ce n'eſt ni un bruit » quelconque, ni celui du tonnerre » qu'il faut accuſer des accidens

» lors de la montée ». Nous croyons aussi que toutes espèces d'odeurs, pourvu qu'elles ne soient ni trop fortes ni mauvaises, sont indifférentes, en observant cependant qu'elles n'alterent pas la qualité de la nourriture; ce qui arriveroit, si ceux chargés de ramasser la feuille, venoient de toucher de l'ail ou autres oignons, & qu'en prenant du tabac, ils en laissassent tomber sur les feuilles ou sur les Vers.

QUESTION CXII.

Après combien de jours convient-il de sortir les Cocons de la bruyere, ce qu'on appelle, déramer?

Les Vers mettent ordinairement trois à quatre jours à faire leurs Cocons; mais comme sur un rayon ou tablette ils ne montent pas tous le même jour; que d'ailleurs cette tablette tient à d'autres, qu'il seroit dangereux de déranger avant que tous les Cocons euſſent été achevés, l'uſage eſt de ne ſortir les bruyeres, & défaire les cabannes, qu'après dix à douze jours, en comptant de celui auquel les Vers ont commencé à filer leurs Cocons.

Des maux qui font périr les Vers à ſoie.

QUESTION CXIII.

Quelles ſont les maladies qui atta-quent eſſentiellement les Vers à ſoie? A quoi doit-on les attribuer ; & y a-t-il des remédes à leur oppoſer ?

On a déja obſervé que les maux des Vers à ſoie leur viennent ordi-nairement du peu de ſoin & d'intel-ligence dans la couvée , du trop de chaleur dans les atteliers ſans iſſue, & d'une mauvaiſe nourriture , ſoit dans la qualité de la feuille , ſoit dans la diſtribution des repas, qu'on ré-péte trop ſouvent, ou pas aſſez ; on préviendra une partie de ces maladies, si on pratique exactement ce qui a été prescrit. Il reste cependant à faire connoître les Vers qui font attaqués de ces maux, & ce qu'on doit en faire. Ces Vers s'appellent : Vers *Gras*, Vers *Passis* ou *Arpettes*, Vers *Jaunes* & Vers *Muscadins*.

Vers gras.

Les Vers gras qu'on peut trouver à chaque mue, n'entrent point eux-mêmes en maladie ; au lieu de rester à la même place, comme ceux qui font bons, qui muent & se dépouillent, ils marchent, mangent toujours, ne se dépouillent point, & continuent à grossir, pendant que les autres étant en mue ne sçauroient manger. On distingue les Vers gras, en ce qu'ils font beaucoup plus blancs, qu'ils font comme onctueux, & qu'ils ont le museau plus étroit, plus pointu & plus luisant ; il faut les féparer des autres, & les jetter, parce qu'en crevant, ils faliroient les autres.

Vers maigres, appellés Paſſis, ou Arpettes.

On ne voit guéres de Vers ainſi appellés, qu'après la troiſiéme ou quatriéme mue. Ces Vers ceſſent de manger, deviennent mous, ſe rapetiſſent en tous ſens de la moitié, & périſſent dans trois à quatre jours.

Vers jaunes.

Les Vers jaunes ne paroiſſent que lorſque tous les Vers ſont prêts à monter; au lieu de mûrir, ils s'enflent, & il leur vient ſur la tête & le long du corps des taches d'un vilain jaune doré, qui s'étendent, & leur gagnent enfin tout le corps; il faut auſſi les jetter.

Vers muſcadins.

On prétend que les Vers peuvent

devenir, ce qu'on appelle *muscadins*, à tout âge, c'est-à-dire, depuis leur naissance, & même lorsqu'ils sont renfermés dans leurs Cocons ; ils deviennent roides, & meurent presque dans le moment. Leur couleur est d'abord d'un rouge vineux, & se change bientôt en blanc.

On n'en trouve ordinairement que peu à la fois, jusqu'au tems de la maturité ; mais le mal est presque général dans les chambrées qui ne commencent à en être attaquées que quand les Vers sont mûrs, & qu'ils montent ; alors la plus grande partie périt avant que d'avoir travaillé : & si cette maladie ne leur vient qu'après avoir commencé leurs Cocons, ou après les avoir achevés : dans le premier cas, le Cocon est presqu'inutile, & dans le second cas, il rend fort peu.

Il est plus aisé de faire connoître toutes ces différentes maladies, que d'indiquer les remédes qui sont propres à les guérir. Nous avouons de bonne foi que dans les différentes éducations que nous avons faites, nous n'en avons pas été exempts; & qu'après avoir essayé de toute espèce de parfums & de bains, nous n'en avons reçu aucun secours. Ces maladies sont plus ou moins générales dans les atteliers, selon le plus ou moins de soins qu'on apporte à s'en garantir, en suivant les différentes pratiques que nous avons indiquées, tant sur le choix de la graine, la manière de la faire couver, la chaleur sans étouffement, & la nourriture. Nous observerons que dans les Vers à soie que nous avons élevés en plein air, nous ne pûmes jamais en trouver un seul attaqué de ces différentes maladies; preuve bien sensible qu'elles ne sont occasionnées que par la corruption de l'air dans les atteliers, & de l'absolue nécessité de laisser un cours libre à l'air & à la chaleur dans les chambrées de Vers à soie.

QUESTION CXIV.

Pendant combien de jours peut-on laif-fer les Cocons , fans faire étouffer le Ver , & fans craindre qu'il perce le Cocon ?

Auffi-tôt qu'on a forti les Cocons de la bruyere , fi on n'en fait pas ti-rer la foie, il faut fe difpofer à faire étouffer le Ver , & ne pas laiffer écouler plus de quinze jours , à compter de celui où on a commen-cé à mettre les Vers dans les caba-nes ; un plus long délai feroit dange-reux , furtout dans les chaleurs , & fi l'on tenoit les Cocons dans un lieu où ils ne feroient pas rafraîchis par l'air.

QUESTION CXV.

Quelle est la meilleure méthode pour étouffer le Ver dans le Cocon?

Nous en connoissons deux, que l'on pratique avec succès ; mais qui demandent également les plus grands soins, pour ne pas endommager les Cocons, & en tirer toute la soie qu'ils contiennent.

Nous parlerons d'abord de celle du four, la plus usitée dans les petites éducations de Vers à soie, & la plus en usage dans ces Pays.

L'objet qu'on se propose, en étouffant le Ver dans le Cocon, est d'empêcher qu'il ne le perce lorsqu'il est devenu papillon ; ce qu'il ne sçauroit faire sans en rompre la contexture, & empêcher, par-là, d'en tirer la soie. Pour cet effet, aussi-tôt que les Cocons ont été détachés des bruyeres, & qu'on les a dépouillés d'un premier duvet qui les couvre, sans cependant en faire partie, on les renferme dans de grands paniers d'osier, garnis en dedans par des feuilles d'un papier fort, dont on les enveloppe. Le four ayant été chauffé, & sa chaleur modérée au point de pouvoir, pendant quelques minutes, y tenir le bras nud sans en être brûlé, on introduit ces paniers de Cocons dans le four, on les y laisse une heure ou deux, jusqu'à ce qu'on n'entende plus le bruit que ces insectes font en remuant dans leurs Cocons; & lorsque les paniers ont été retirés du four, on les enveloppe dans de grosses couvertures, pour achever d'étouffer les Vers que la chaleur du four n'auroit pas encore fait périr. Cette méthode a ses inconvéniens: si le four n'étoit point assez chaud, tous les Vers ne mourroient pas; & s'il y avoit trop de chaleur, il y auroit à craindre que la soie ne se brûlât, ou au moins que l'on ne perdît beaucoup de soie au filage. Il faut donc dans cette pratique donner soi-même la plus grande attention au dégré de chaleur convenable que doit avoir le four. M. l'Abbé Sauvage assure, après différens essais, que la vraie chaleur, pour étouffer au four, est celle du quatre-vingtième dégré du thermomètre.

La seconde méthode d'étouffer les Cocons, consiste à les exposer à la vapeur de l'eau bouillante, sur une chaudiere posée sur un fourneau. Pour faire connoître cette pratique, la plus en usage dans le Languedoc & la Provence, nous ne ferons que copier un Mémoire du célèbre M. Villars, dont les Fabriques de soie sont supérieures à toutes celles du Piedmont, & à tout ce qui a été perfectionné de nos jours. Ce Mémoire, fait pour un de ses amis, ayant été communiqué à la Société royale d'Agriculture de Lyon, m'a été remis ;

&

& avec la permiſſion de M. Villars, cette Société a jugé qu'il méritoit d'être rendu public, en l'inférant dans cet Ouvrage.

MÉMOIRE

Servant à expliquer les Plans, coupes & élevations d'un Fourneau, deſtiné à étouffer les Vers à ſoie dans leurs Cocons, par la vapeur de l'èau bouillante.

POUR parvenir à la conſtruction de ce Fourneau, on commence par former ſur le pavé du lieu où l'on veut l'établir, un ſoubaſſement circulaire, dont le diamètre doit être tel que lorſque le Fourneau ſera élevé deſſus, il reſte autour de ſa conſtruction, une partie de ce ſoubaſſe-

V

ment aſſez large, pour former un marchepied qui environne le Fourneau, pour la plus grande facilité du ſervice & de la manœuvre.

Ce ſoubaſſement doit avoir une coupure dans la direction de ſon diamètre & dans toute ſon épaiſſeur : elle ſervira de cendrier, & auſſi à donner paſſage à l'air qui doit animer le feu, & pour ne pas interrompre le marchepied circulaire, dans la partie où eſt la coupure, on y mettra une feuille de tôle forte, montée ſur un chaſſis de fer, & fixée par des gonds ſcellés dans le marchepied, & ſur leſquels elle tournera comme une porte, pour la facilité de nettoyer le cendrier.

Sur une partie de ce qui reſte de cette coupure, on établira la grille ſur laquelle doit être fait le feu : elle doit être formée av ec des barres de fer quarrées, montées ſur un cadre auſſi de fer. Les barres doivent être poſées fur l'angle ; & le fer, qui formera le cadre, doit être à plat.

L'intervalle qui refte de la coupure, entre la grille & la plaque, dont on vient de parler, peut être recouvert ou d'une lame de pierre, qui ne puiffe pas être altérée par le feu, ou mieux encore, d'une lame de fer fondu, pour réfifter aux coups fréquens auxquels cette partie eft expofée, lorfque l'on met le bois à brûler dans le Fourneau. Il feroit peut-être encore plus folide, & de moins de dépenfe, de faire commencer la grille dès le bord de l'entrée du Fourneau.

La grille rangée, ainfi qu'on vient de le dire, on tracera, du même centre du foubaffement, l'enceinte du Fourneau, que l'on élevera en bonnes briques & terre graffe, obfervant de faire recouvrir, par les briques qui formeront l'affife ou le rang que l'on va faire, les joints des

briques de l'assise qui vient d'être
faite.

On observera, en élevant ce briquetage ; 1°. de le faire assez haut ,
pour que l'intervalle , entre la grille
& le fond de la chaudiere , soit assez
grand pour y tenir le bois à brûler
nécessaire ; 2°. qu'il y ait une distance entre la chaudiere & le briquetage , pour laisser circuler autour d'elle
la flamme & la fumée ; 3°. de faire
finir le vuide aux trois quarts environ de la chaudiere , & de ce point-
là faire le briquetage plus épais &
assez rapproché de la chaudiere ,
pour qu'il la ceinture tout au tour ,
& qu'il puisse , au moyen de l'évase-
ment & du rebord qui la terminent,
la contenir & la supporter d'une maniere solide : il seroit peut-être mieux
encore de faire cette derniere partie
de l'enceinte du Fourneau , en pierre
de taille ; elle n'auroit rien à craindre de l'action du feu , puisqu'elle en

feroit hors de la portée; 4°. de laiffer, vis-à-vis la porte du Fourneau, un échappement pour la fumée , que l'on conduira hors du bâtiment de la maniere la plus commode.

Lorfque le briquetage fera fini, il fera recouvert d'un cercle de bon bois, arrêté folidement à l'enceinte du Fourneau; ce qui fe fera plus facilement , fi les dernieres affifes font en pierre de taille.

La circonférence intérieure de ce cercle portera une feuillure , fervant de battement au couvercle, qui fera attaché au cercle avec des charnières, & qui doit fermer bien exactement , pour conferver toute la vapeur de l'eau bouillante (ce qu'on obtiendra encore mieux, en mettant deffus de vieilles couvertures). Le hauffement & le rabaiffement de ce couvercle fe feront facilement, par le moyen d'un contre-poids auquel il correfpondera par une corde paffée dans des poulies, observant que le poids ne soit pas assez fort, pour ouvrir le couvercle tout seul, mais assez pour le tenir ouvert.

On aura arrêté, d'une maniere solide, à la chaudiere qui est de cuivre, & dans son intérieur, quatre petites consoles, aussi en cuivre, diamétralement opposées & placées à la même hauteur; leur destination est de supporter horisontalement une croix de fer, assemblée à un cercle aussi en fer, sur laquelle doit être posé le tamis qui contient les Cocons que l'on veut étuver.

Ce tamis sera formé par un cercle de bois, de deux à trois lignes d'épaisseur, & son fond par une toile très-commune & très-claire, sur laquelle seront posés les Cocons; on y fera deux anses avec des cordes, pour le porter facilement. Ce tamis doit contenir sept à huit livres de Cocons.

Pour régler le temps que les Cocons doivent rester dans la chaudiere, on placera, à portée & contre le mur, un horloge de sable, réglé & bien éprouvé, pour marquer, par son entier écoulement, le temps de cinq minutes justes, pour que, en le faisant couler au moment même où le tamis est mis dans la chaudiere & recouvert, on le retire dans l'instant que le sable est totalement écoulé. Pour se servir facilement de cet horloge de sable, il sera porté par un tenon en fer, scellé dans le mur par l'un de ses bouts, & fait par l'autre, de maniere que, prenant l'horloge par le milieu, il le laisse tourner librement.

Pour l'intelligence des Plans que l'on explique, l'on a tracé une ligne en rouge, dans le dessein de la coupe du Fourneau, pour désigner que tout ce qui est en-dessous de cette ligne, est exprimé dans le Plan de la partie inférieure, & que ce qui eſt au-deſſus, l'eſt dans celui de la partie ſupérieure ; & la ligne rouge, tracée dans le Plan de la partie inférieure, annonce le ſens dans lequel on a fait la coupe.

L'on a auſſi tracé deux lignes ponctuées en noir, dans l'intérieur de la chaudiere ; la ſupérieure déſigne à quelle hauteur l'on doit mettre l'eau ; & lorſque l'évaporation l'aura réduite juſqu'à la ligne inférieure, il faudra en remettre juſqu'à la hauteur déſignée, de ſorte qu'il n'y en ait jamais ni plus ni moins qu'aux hauteurs indiquées par ces deux lignes.

Au ſurplus, l'échelle qui eſt au bas du deſſein, ſervira pour avoir les proportions des différentes parties dont on vient de parler.

PROCÉDÉ,

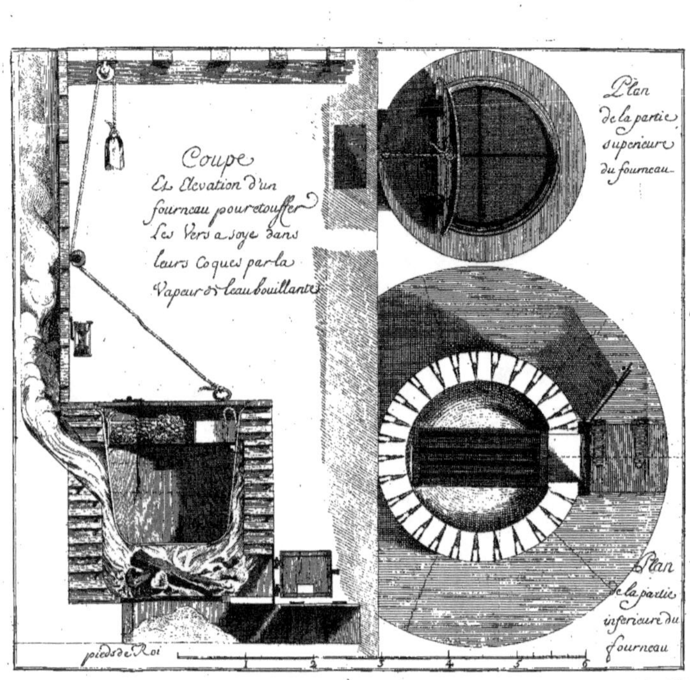

Coupe
Et Elevation d'un
fourneau pour etouffer
Les Vers a soye dans
leurs Coques par la
Vapeur de l'eau bouillante
Plan
de la partie
superieure
du fourneau
Plan
de la partie
inferieure du
fourneau
pieds de Roi
1   2   3   4   5   6

PROCÉDÉ

Pour étouffer les Vers à soie, par le moyen du Fourneau, dont on vient de donner le détail.

APRÈS avoir mis l'eau dans la chaudiere, à la hauteur indiquée, & avoir ensuite allumé le feu dans le Fourneau, lorsque l'eau bouillonnera, il sera temps de placer le tamis, rempli de 7 à 8 livres de Cocons, sur le cercle de fer ; aussi-tôt après qu'il sera placé, on rabaissera le couvercle, sur lequel on mettra même quelques vieilles couvertures de laine, pour conserver d'autant mieux la vapeur dans l'intérieur : dans le même instant, l'on disposera l'horloge de maniere que son sable puisse s'écouler ; & lorsque l'écoulement

X

fera totalement fini, ce qui marque-
ra cinq minutes de paſſées, on retirera le tamis, & l'on verſera les Cocons, qu'il contenoit, dans des corbeilles ou ſur des planches, où ils
feront recouverts avec de vieilles
couvertures de laine : ils reſteront
dans cet état cinq à ſix heures, pour
être enſuite ſéchés à l'air. Cette précaution eſt néceſſaire, pour empêcher, ſi on les y expoſoit plutôt,
qu'ils ne ſoient ſurpris dans leur état
de chaleur & de ſueur ; & afin de ne
point perdre de temps, & pour faire le ſervice plus promptement, on
fera pourvu de deux autres tamis,
dont un au moins ſera toujours rempli & prêt à remplacer immédiatement celui que l'on vient de ſortir.

Celui qui eſt chargé de travailler
à l'étuvage, doit avoir ſoin d'entretenir le feu de temps en temps, &
doit être actif, entendu, & non ſujet
au vin, ni au ſommeil pendant le

travail ; il feroit même convenable d'être deux pour cette manœuvre, ou du moins que quelqu'un aidât ou tînt compagnie à celui qui agit.

Comme il y a des Fourneaux plus ou moins actifs les uns que les autres , & qu'il feroit également dangereux que les Cocons fuffent trop ou trop peu étouffés , ceux qui ont foin de cette opération , & qui n'en auroient pas une certaine habitude , doivent ouvrir de temps à autre deux à trois Cocons fortant de l'étouffage , en choififfant des plus forts , c'eft-à-dire, de ceux dont la coque eft la plus fournie, pour en fortir les Vers, qu'ils mettront tout de fuite fur une poële rouge ou très-chaude , en regardant bien attentivement s'ils n'y apperçoivent aucun mouvement : fi quelqu'un de ces Vers remue un peu , c'eft figne que l'étuvage n'eft pas affez fort ; & en ce cas, ils doivent entretenir un plus grand dégré de chaleur au Fourneau, & réitérer leurs expériences, jusqu'à ce qu'ils connoissent bien le point où l'étouffage sera bon, sans être trop violent.

Il faut encore faire attention d'étendre les Cocons dans le tamis, de façon qu'ils soient dispersés dans une épaisseur à peu-près égale, afin que la fumée agisse sur tous au même point, & n'en mettre que la quantité prescrite.

La coque des Cocons doubles, qui renferme deux Vers chacune, étant plus forte que les autres, ces Cocons doivent rester six minutes dans la chaudiere ; au contraire, les Cocons foibles ou chiques, dont la coque est mince, ne doivent y rester que quatre minutes : ainsi, lorsqu'on a une certaine quantité de Vers à étuver, où il s'en trouve nécessairement beaucoup de cette qualité, il convient de les faire trier avant l'étuvage, afin de les faire étouffer à part, & de pouvoir observer ces différences, en laissant les doubles six minutes dans la chaudiere, les bons Cocons ordinaires cinq minutes, & les chiques ou foibles, quatre minutes seulement.

Suivant le sentiment de M. l'Abbé Sauvage, il suffit de cinq minutes pour étouffer les Cocons simples, & de sept pour les doubles; néanmoins, il ajoute que, s'il n'y avoit rien qui pressât, on pourroit les laisser plus longtemps sur la chaudiere, sans risque, & même les y oublier, l'eau bouillante ne prenant jamais au-delà de quatre-vingt dégrés de chaleur, quelque feu qu'on fasse; & celle qui va à gros bouillons, n'étant pas plus chaude que celle qui ne fait que frémir (1). Le sentiment de cet

---

(1) Le Cocon ne seroit pas brûlé, mais il tomberoit en bave.

Auteur décide donc sur la préférence que cette pratique doit avoir sur
celle du four ; cependant, pour ne
rien laisser à desirer sur un point aussi
important , je ne puis m'empêcher
de rapporter ce que pense M. Constant Castellet , de la Méthode de
l'eau bouillante pour l'étouffage.

« L'eau bouillante, *dit-il*, (dans
» une Lettre qu'il m'a fait l'honneur
» de m'écrire) dissout la gomme de
» la premiere couche des Cocons,
» & dès-lors , toute la soie qui est
» tirée de ce premier sac n'a point
» de nerf, les brins n'étant pas nour-
» ris par la gomme naturelle qui les
» lie ; ce qui forme une inégalité très-
» sensible dans la suite du tirage, qui
» différe comme d'un à quatre : car,
» il ne vous a point échappé, Mon-
» sieur, que les Cocons que nous
» avons des Vers à soie, nourris par
» une éducation relative , n'ont que
» quatre couches toutes analogues à

» leurs quatre dormilles ou maladies,
» & que ceux qui ont été mal nour-
» ris & négligés, nous donnent des
» Cocons qui en ont fix & même
» huit, d'une très-mauvaife qualité,
» ces couches n'étant que de fimples
» filaffes fans forces & très-bouchon-
» neufes. L'étouffage à l'eau eft con-
» traire encore à la netteté de nos
» foies, en ce que tout Cocon fon-
» du, ou chique, tache & gâte, dans
» cette étuve, tous les bons Cocons
» qui touchent ou entourent ces in-
» férieurs. La méthode du four au-
» roit quelque préférence fur celle de
» l'eau bouillante, fi l'on n'y brûloit
» pas la premiere couche des Cocons,
» & s'il étoit poffible de les y étouffer
» également ». Ces inconvéniens,
d'une & d'autre part, ont fait ima-
giner à M. Conftant Caftellet une
nouvelle méthode, que fon zèle,
pour le bien public, nous fera connoître inceffamment ; jufqu'à ce

temps, je crois qu'on peut éviter la trop grande chaleur du four, par les précautions que nous avons indiquées ; & dès qu'en retirant du four les panniers qui renferment les Cocons, on ne trouve pas que le papier qui les envelope, ait seulement roussi, il me semble qu'on doit s'assurer que la premiere couche des Cocons n'a pas été brûlée ; & quant à l'étouffage à l'eau bouillante, en me restraignant au temps marqué par M. Villars, pour laisser les Cocons à l'évaporation, on sauvera aussi le danger d'altérer cette premiere couche ; & dans l'une & l'autre méthodes l'on doit, comme je l'ai toujours pratiqué, ne point confondre, avec les bons Cocons, ceux qui peuvent les salir & qu'on appelle *chiques*.

Comme c'est ici que finit l'éducation du Ver à soie, & que les opérations subséquentes appartiennent à la maniere de faire la soie, nous nous

arrêtons-là, pour passer aux Questions sur la maniere de faire la
Graine.

QUESTION CXVI.

*Si l'on veut faire de la Graine, quelle
est l'espèce de Vers qu'il faut choisir
de préférence; & faut-il leur faire
travailler leurs Cocons séparément,
ou faut-il seulement choisir les Cocons les plus convenables? Quels
font ceux qu'on doit prendre de préférence?*

On ne fait point un choix des Vers
pour avoir de la Graine; parce que
jusqu'à ce que les Cocons foient faits,
on ne peut pas s'assurer s'ils feront
parfaitement bons: il est vrai qu'on
auroit une juste espérance sur certains Vers; mais, sans les faire travailler séparément, on les retrouve
aisément, par le choix qu'on doit
faire des Cocons. On doit mettre à
part, pour la Graine, ceux qui font

fermes, d'une foie bien ferrée, d'une
formation égale & picotée d'un petit
grain uniforme ; leur couleur doit
être paille. Il ne faut pas, comme les
gens qui font commerce de la Graine, donner le choix à ceux dont on
efpere le plus de filofelle, & le moins
de profit à la filature , tels que les
veloutés , qui ont un brin foible &
irrégulier. Ce choix des Cocons doit
être fait auffi-tôt qu'ils font tirés des
bruyeres, crainte qu'ils ne s'échauffent s'ils reftoient en un tas, & que
les papillons , incommodés par la
chaleur, ne donnaffent des œufs
mal fains.

QUESTION CXVII.

Comment doit-on placer les Cocons qui
doivent fervir pour Graine ; faut-il
les tenir dans un endroit chaud?

Dans le choix qu'on fait des Cocons , il faut qu'il y en ait autant qui
contiennent des papillons mâles que

de femelles : on les diſtingue par la forme des Cocons ; ceux des mâles ſont pointus par un des bouts, & même par les deux ; ceux des fe- melles ſont ronds par les deux bouts.

Après que tout le choix eſt fait, on doit les dépouiller d'une envelo- pe cotonneuſe, ou eſpèce de duvet qui les couvre, ce qui donne plus de facilité aux papillons pour en ſortir ; on les perce enſuite avec une éguille, pour les enfiler, en travers, à un gros fil en forme de chapelet, en ob- ſervant de joindre alternativement, ſans les ſerrer, un mâle & une fe- melle ; mais il faut être attentif à ne paſſer l'éguille que dans la ſuperficie du Cocon, afin non-ſeulement de ne pas bleſſer les Vers, mais encore de ne pas introduire l'air dans les Cocons.

Pour ſe régler ſur la quantité de Graine qu'on veut avoir, nous di- rons qu'une livre de Cocons produit

communément une once de Graine,
ce qui formera un de ces espèces de
chapelets, qu'il ne faut pas tenir dans
un lieu trop chaud ; mais les placer
dans un lieu frais où l'air pénétre aisément.

QUESTION CXVIII.

Si le temps n'étoit pas assez chaud pour
faire sortir les papillons, ne convien-
droit - il pas de hâter leur sortie, en
chauffant les Cocons ? La Graine qui
proviendroit de papillons tardifs, ne
seroit-elle pas présumée de médiocre
qualité ?

Nous venons de dire qu'il faut tenir les Cocons pour Graine, dans un
lieu frais, & où il y ait de l'air ; c'est
la seule réponse à faire à cette Question : si l'on chauffoit les Cocons,
on feroit périr les Vers ; il faut attendre avec patience les effets de la nature, si l'on veut avoir de bonnes
productions.

QUESTION CXIX.

Lorsque les papillons sortent des Cocons, comment distingue-t-on les mâles des femelles ; faut-il n'en laisser subsister qu'un même nombre de chaque espèce, ou cela est-il indifférent ?

Il est facile de connoître les mâles des femelles ; les premiers sont petits, pointus, & plus agiles ; les femelles sont toujours plus grosses & rondes, parce qu'elles sont chargées d'œufs. Nous avons dit que dans le choix des Cocons on devoit en mettre un nombre égal des deux sexes. Cette attention n'est point indifférente ; parce que ce sont des femelles qu'on attend les œufs ou la Graine, & que les mâles sont nécessaires à chaque femelle, pour feconder ces œufs.

※

QUESTION CXX.

*S'accouplent-ils naturellement d'eux
mêmes ; faut-il prendre ce soin,
les laisser longtemps accouplés ?*

C'est ici où il convient d'aider à la
nature. Les Vers devenus papillons
n'ont que peu de temps à vivre ; ils ne
mangent point, ne sucent aucune
plantes ; ils sont lourds & pesans : &
si on n'avoit pas le soin de les accou-
pler, il y en a beaucoup qui ne cher-
cheroient pas la femelle ; & la femelle, plus pesante encore, n'iroit
point au-devant du mâle ; elle jette-
roit sa Graine sur le Cocon même
d'où elle sort. Il faut donc, lorsque
les papillons sont dehors des Cocons,
les prendre par les aîles ou le corps,
sans trop les presser, & les porter
sur une table couverte d'un morceau
de drap noir de laine, ou quelqu'autre étoffe ; approcher les mâles des
femelles ; & lorsqu'on les voit ac-

couplés, les laisser ensemble pendant quatre à cinq heures ; après quoi, on détache les mâles, s'ils ne le font pas ; on les jette, & on porte les femelles sur une étamine noire, clouée par le haut au mur, ou contre une boiserie, & par le bas relevée, de maniere que les Graines ne puissent tomber à terre ; c'est sur cette étamine que les femelles s'accrochent & laissent leurs œufs. L'heure, où communément les papillons sortent des Cocons, est celle de sept à huit heures du matin, parce que c'est principalement pendant la nuit qu'ils travaillent à percer ; cependant il arrive souvent qu'on peut dans la journée trouver à en apparier.

On doit observer que les papillons déposent toujours quelques Graines sur le premier drap noir où on les a placés, & même sur les Cocons, lorsqu'ils en sortent ; mais cette Graine, qui n'a pas été fécondée, doit être mise au rebut, & on ne doit garder que celle qui a été pondue après l'accouplement. C'est surquoi on trouve peu de bonne foi dans ceux qui en font trafic.

Comme ce ne sont que les papillons femelles qui donnent de la Graine, on conçoit qu'il est essentiel de n'en pas manquer; il vaudroit mieux avoir moins de mâles, parce qu'on peut, au besoin, faire servir deux fois à l'accouplement un même papillon mâle.

Dès que les femelles ont pondu leurs œufs, il faut les sortir de dessus l'étamine, & les jetter enfin, lorsque toutes auront donné leurs Graines. On laisse ces œufs quelques jours à l'air, pour qu'ils se séchent; on plie ensuite les morceaux d'étoffe, auxquels ils sont attachés, & on les met dans un endroit fermé, tel qu'un cellier, où l'air soit frais, & y pénétre pendant l'Eté; & dans l'Hiver,

ver, dans un lieu où la gelée & le grand.froid ne puiſſent pénétrer. On conſerve ainſi la Graine ſur l'étoffe, juſqu'au Printemps.

QUESTION CXXI.

Quelle eſt la meilleure maniere de détacher la Graine de l'étoffe ſur laquelle les femelles l'auront dépoſée ; & comment doit-on la conſerver, pour l'empêcher d'éclore ?

Toutes méthodes ſont bonnes, pour détacher la Graine de deſſus l'étamine, pourvu que ce ſoit de maniere à ne pas l'écraſer. Il eſt bien des perſonnes qui, avant de le faire, ſoufflent quelques bouchées de vin deſſus cette étoffe, la tiennent roulée enſuite, pendant deux heures, pour donner le temps à l'humidité du vin de pénétrer une eſpèce de glu, qui tient la Graine collée : elle ſe détache après, avec une

Y

plume (1). D'autres personnes, sans user de cette humidité, & avec le secours d'un sol de six liards, mince, qu'ils tiennent d'une main, & un morceau de l'étoffe sur l'autre, la détachent avec autant de facilité. Cela est indifférent, pourvu qu'on ne l'écrase pas ; ce qui est fort aisé : car cette coque est fort dure. Quant à la maniere de la conserver, voyez ce que nous en avons dit, en répondant à la Question 19.

QUESTION CXXII.

A quoi peut-on reconnoître que la Graine sera de bonne qualité ?

On le reconnoîtra aux soins qu'on se sera donnés, en suivant avec exactitude tout ce que nous avons prescrit, ainsi qu'aux différentes quali-

---

(1) On observera que la Graine qui a été mouillée, éclôt plus difficilement.

tés que doit avoir la bonne Graine, détaillées dans la réponse à la Question 18.

QUESTION CXXIII.

Si la Graine dégénere en qualité, n'est-il point de moyens pour la renouveller, sans être obligé d'avoir recours à celle qu'on fait venir de l'Etranger ?

M. Constant Castellet, qui mérite à tous égards la confiance du Public, assure avoir trouvé ce secret : il est trop important, pour que je me contente de vous renvoyer à son Ouvrage, publié à *Aix* en 1760. Je vais transcrire ce qu'il nous dit à ce sujet.

« Les mêmes causes (dit-il) qui » ont fait dégénérer nos Vers à soie, » peuvent, dans la suite, les faire » dégénérer encore, si, après nous » être redonné de la bonne espèce, » on néglige les précautions néces-

» faires pour la perpétuer : il fe peut
» auffi qu'en employant toujours la
» même efpèce de Cocons., pour
» avoir de la Graine, elle dégénére
» naturellement , après un certain
» temps , ainfi qu'il arrive à tant
» d'autres productions de la nature ,
» fleurs, plantes, fruits, animaux,
» qui , en fe perpétuant, perdent in-
» fenfiblement de leur qualité primi-
» tive. Quoiqu'il en foit, fi nos Vers
» à foie dégénérent encore, dès que
» l'on s'appercevra que les Cocons
» de la premiere claffe recommence-
» ront à n'être pas la qualité domi-
» nante dans nos récoltes , il faudra
» renouveller la Graine; c'eft à quoi
» l'on réuffira facilement, par le mê-
» lange de certaines autres efpèces de
» Cocons, conformément à ce que
» j e vais bientôt dire.

» Je dois la découverte de ce fe-
» cret à la rareté des Cocons, que
» j'ai dit devoir être feuls employés à

» faire la Graine , desquels à peine
» choisit-on aujourd'hui dix livres sur
» trois quintaux. Obligé , par-là , à
» chercher un moyen particulier
» pour avoir des bons, j'ai eu enfin
» le bonheur, áprès dix ans de tra-
» vail & d'épreuves sur cette seule
» partie, d'en trouver un infaillible ,
» pour avoir une Graine qui nous
» rendra le Cocon de la premiere
» qualité, lorsqu'il sera nécessaire.

» Pour avoir cette nouvelle Grai-
» ne, on fera choix de Cocons dou-
» bles des plus petits, & des mieux
» formés, & d'une égale quantité de
» Cocons qui soient d'un beau
» blanc, & picotés d'un beau grain ;
» chacune de ces deux espèces sera
» mise en liasse séparément: on au-
» ra une attention exacte que parmi
» les Cocons , blancs les femelles
» soient en plus grande quantité que
» les mâles , parce que les Cocons
» doubles contiennent chacun deux

» papillons, & qu'il n'eſt pas poſſi-
» ble de connoître s'ils ſeront mâles
» ou femelles. A meſure que les uns
» & les autres ſortiront de leurs Co-
» cons, on les accouplera ſoigneu-
» ſement des deux différentes eſpèces.
» De ce mêlange naît une nouvelle
» génération, qui participe à la vi-
» gueur toujours ſupérieure des Co-
» cons doubles, & à la beauté de la
» ſoie des Cocons blancs, & qui, en
» ſe perpétuant, nous donne une
» Graine qui produit abondamment
» de Cocons d'une bonne forma-
» tion, & d'une qualité parfaite, &
» parmi leſquels les veloutés & les
» chiques ſont rares.

» On aura ſoin de dépouiller les
» Cocons doubles d'un duvet ou ba-
» ve, qui en cache la beauté ; &
» comme ils ſont plus forts que tous
» les autres, on y fera légérement
» une croix aux deux bouts, avec un
» canif, pour en couper ſeulement

» la premiere pellicule ; sans ces pré-
» cautions , les papillons s'épuise-
» roient pour sortir , & ne pour-
» roient que difficilement percer
» leurs Cocons , parce qu'ils sont
» chargés de quantité de gomme &
» de brins. Pour le reste de l'opéra-
» tion , on se conformera à ce qui
» a été dit ci-devant.

» On pourra m'objecter ici , avec
» quelque raison, que si notre nou-
» velle Graine est d'un produit assu-
» ré , c'est à elle que nous devons
» nous tenir , sans renvoyer le re-
» nouvellement à la suite des temps.

» J'avouerai d'abord qu'il n'y a
» pas assez longtemps que j'ai décou-
» vert cette seconde façon de faire la
» Graine , pour avoir pu connoître
» ce qui arriveroit. Si nous en usions
» toujours , peut-être alors nos Vers
» à soie dégénéreroient-ils aussi ; & ,
» en ce cas, comment renouveller la
» Graine ? Pourquoi donc , sans né-

» ceffité, courir le rifque de nous pri-
» ver d'une reffource pour l'avenir,
» tandis que la premiere façon eft
» d'un produit également affuré, &
» donne tout de même des Cocons
» d'une qualité parfaite?

» D'ailleurs, cette feconde façon
» eft beaucoup plus pénible, parce
» qu'il faut avoir foin de dépouiller
» les Cocons doubles de leur duvet,
» & de les couper un peu : & com-
» me il n'eft rien de petit, en fait
» d'économie, je ne tairai même
» point que ces deux efpèces, qui
» fervent à renouveller la Graine,
» font moins propres que l'autre à
» être mifes en quenouille. Il eft mê-
» me difficile de filer les Cocons dou-
» bles. Pour avoir moins de peine, il
» faudroit les faire carder ; ce qui
» donneroit du déchet, & occafion-
» neroit quelques frais.

» Ces différentes confidérations
» réunies, me paroiffent affez fortes

pour

» pour conseiller que, après s'être
» donné, par ce moyen-ci, une nou-
» velle Graine qui mérite toute notre
» confiance, l'on se contente d'en
» perpétuer la qualité, par la métho-
» de ordinaire ».

Voilà, Monsieur, une maniere de
renouveller la Graine, bien simple,
& que chacun, sur la foi de M. de
Castellet, peut essayer, comme je ne
manquerai pas de le faire moi - même. Si cette Graine est supérieure à
celle qu'on obtient, par la méthode
ordinaire; on ne sçauroit être arrêté, par les objections que M. de Castellet prévient, & auxquelles il ré-
pond, en disant d'abord : que, *dans
le cas où cette nouvelle Graine dégé-
néreroit , on s'ôteroit la ressource qu'elle-même donne.* Nous dirons à cela,
que, dans ce même cas, on auroit
la liberté de renouveller sa Graine,
en reprenant l'ancienne méthode.

Z

Quant aux objets d'économie, ils sont
tous en faveur du nouveau Procédé ;
car, s'il y a des déchets à filer à la quenouille les Cocons doubles, le bénéfice qu'il y a à faire tirer les bons Cocons (que l'on sacrifie pour la Graine)
est bien supérieur à la petite perte sur
la filoselle des Cocons doubles, & sur
le peu de soie que donnent les Cocons
blancs. M. de Castellet conseille, en
suivant cette pratique, d'observer,
dans le choix des Cocons blancs, de
mettre plus de femelles que de mâles,
parce que dans les Cocons doubles,
on ne peut pas connoître le sexe des
papillons qu'ils renferment. Cependant, M. l'Abbé Sauvage nous assure
qu'ils contiennent toujours un mâle
& une femelle : cette observation
étant juste, il arriveroit qu'on auroit
plus de mâles que de femelles.

Nous ajouterons (sans aucun objet de critique) qu'il nous paroît bien

singulier que les deux espèces de Cocons, qu'on regarde comme les plus
inférieurs, soit pour la nature de la
soie, soit pour la Graine, étant ainsi
mariés ensemble, produisent une
Graine aussi fertile que M. de Castellet l'annonce; plus on étudiera la
nature, plus on reconnoîtra que ces
loix souffrent des exceptions.

Voilà, Monsieur, des Réponses à
toutes les Questions que vous m'avez
envoyées. Comme vous ne pensez pas
avoir prévu toutes celles dont cette
partie étoit susceptible, je ne crois
pas non-plus avoir dit tout ce qu'il y a
à dire; mais je crois que l'essentiel,
pour une bonne éducation de Vers à
soie, n'y a pas été oublié; & qu'en
suivant toutes les pratiques que nous
avons détaillées avec simplicité, on
pourra se flatter de faire d'heureuses
récoltes, n'ayant rien assuré dont
l'expérience de plusieurs années ne
nous ait rendu absolument certains.

Z 2

MÉMOIRE

SUR LA CULTURE

DU MURIER BLANC,

Dans lequel on trouvera les Instructions néceſſaires aux Jardiniers, pour la culture de cet Arbre, depuis le ſemis, juſqu'à la cueillette de ſes feuilles.

*Lu à la Société Royale d'Agriculture de Lyon, par M. Th***. de la même Société.*

AVERTISSEMENT.

LES Obſervations qu'on préſente au Public, n'avoient d'abord été deſtinées que pour l'inſtruction particulière de quelques Jardiniers; mais la Culture du Mûrier devenant chaque jour plus intéreſſante pour cette Province, on a penſé que cet Ouvrage ſeroit utile à ceux qui poſſédent des terreins convenables pour ces ſortes de Plantations.

LE Mûrier, dont les feuilles ſont propres à la nourriture des Vers à ſoie, eſt connu ſous la dénomination générale de Mûrier Blanc, qui en comprend pluſieurs eſpèces: elles demandent toutes à être greffées de l'espèce du Mûrier Rose ou d'Italie.

LES méthodes que l'on indique sont d'autant plus assurées, qu'elles sont le fruit de l'expérience. On s'est attaché surtout à donner ces Instructions avec la plus grande clarté; leur principal objet étant d'instruire les Gens de la Campagne, afin qu'ils puissent connoître toutes les pratiques de cette Culture.

LETTRE

DE M. TH***.

*De la Société Royale d'Agriculture de Lyon, à M.***.*

A Lyon, le 15 Février 1763.

Vous exigez, Monsieur, que je
vous fasse part des observations que
j'ai faites pendant une longue suite
d'années, sur la Culture des Mûriers ;
que je vous développe les pratiques
que j'ai employées, pour conduire
ces Arbres à leur perfection ; que je
vous en fasse connoître les différentes especes : Vous voulez, en un mot,
par les diverses questions que vous
me proposez, que je donne l'Histoire
Naturelle d'un Arbre dont on peut

tirer les plus grands avantages. Mon amour pour le bien public, & mes sentimens à votre égard, vous étoient des garans assurés que je ne perdrois pas un instant à vous communiquer ce que mes expériences m'ont appris sur cette matiere; trop heureux, si mon zèle peut être de quelque utilité.

Les Mûriers sont connus depuis longtems dans cette Province; mais la mauvaise Culture qu'ils recevoient les rendoit étrangers parmi nous; & c'est depuis peu d'années que l'on est persuadé qu'on peut, avec succès, cultiver cet Arbre. Ce qui en a arrêté les progrès, c'est (comme je l'ai dit ailleurs) qu'outre la mauvaise Culture, l'on n'y connoissoit pas la meilleure espèce. L'on ne s'étoit attaché qu'au Mûrier Sauvageon, & à quelques Mûriers à la grande Feuille : le premier se coëffe mal, sa feuille est dentelée, petite, peu nourrissante,

difficile & difpendieufe à ramaffer :
la feuille du fecond eft trop dure, &
les Vers à foie la rebutent ; en forte
que l'on n'avoit que des Arbres d'une
mauvaife forme, qui donnoient peu
de revenus, ou d'autres, dont la
feuille ne convenoit pas à la nourriture des Vers.

Après avoir étudié la nature des
Terreins dans le Lyonnois, & avoir
reconnu que les Mûriers y croîtroient
avec fuccès, je réfolus de tirer ces
Arbres de l'efpèce d'aviliffement dans
lequel ils étoient parmi nous, & de
leur faire donner la place diftinguée
qu'ils méritoient. Vous favez, Monfieur, tout ce que je fis pour remplir
cet objet, les foins, les dépenfes &
les peines ne furent pas épargnés : je
fis des expériences, le fuccès les cou-
ronna ; je les réitérai, & l'exacte con-
noiffance de la vérité en fut le prix.
Cette Culture fe répandit bientôt de
proche-en-proche ; elle nous apprit

que les Mûriers pouvoient nous procurer des avantages ineſtimables ;
mais que ces Arbres vouloient être
choiſis dans les meilleures eſpèces,
ſans cependant donner l'entiere excluſion à toutes ; qu'ils ne vouloient
pas être abandonnés au hazard ;
qu'ils exigeoient une Culture , mais
qu'il la falloit entiere & analogue à
leur conſtitution.

La vérité eſſuie quelquefois des
contradictions, mais tôt ou tard elle
nous force à lui rendre hommage.
Les Mûriers ont commencé d'avoir
parmi nous une place honorable, en
attendant qu'on leur aſſigne dans
nos Terreins du Lyonnois le premier
rang ; chaque jour voit former de
nouvelles Plantations : elles ſeront ,
dans peu d'années , pour les Propriétaires, une ſource intariſſable de ri-
cheſſes , & prouveront que notre âge
n'a pas été autant livré à la futilité
que de certains Déclamateurs vou-
droient le faire croire.

Trop éclairé, pour ne pas m'appercevoir qu'il faut avoir une connoissance de la Culture des Mûriers, pour me faire les diverses Questions que vous daignez me proposer ; mais trop sûr que votre modestie ne vous permettra jamais d'en convenir , il faut que j'abandonne tout amour propre , pour n'écouter que les sentimens qui m'attachent à vous. Je vais donc reprendre chacune de vos Questions, y répondre par ordre , & mettre sous vos yeux tout ce que l'étude & l'expérience m'ont appris sur cet objet.

Question Premiere.

De quel Mûrier prenez - vous le fruit ,
pour en avoir les Pepins ?

Toutes les espèces du Mûrier Blanc sont convenables ; mais l'on conseille cependant de donner la préférence à celle du Mûrier greffé de la feuille d'Italie, appellé *Mûrier Rose ,* la seve

en est plus parfaite. Il ne faut prendre le fruit que sur les Arbres qui
n'auront pas été défeuillés dans l'année : car quoique la cueillette des
feuilles ne fasse point de tort aux Arbres, elle diminue la quantité de la
seve, & la graine en est moins vi-
goureuse; d'ailleurs, l'on trouveroit
peu de fruit sur ces Mûriers, parce
qu'il est difficile de le conserver en
les défeuillant.

QUESTION II.

De Quelle maniere préparez-vous le
Pepin?

L'on doit attendre que le fruit tombe des Arbres par sa maturité, alors
on ramasse ce qui en est tombé : l'on
peut dans le même tems secouer légérement l'Arbre, afin de s'en procurer davantage. Ce fruit ainsi re-
cueilli, on doit le garder pendant environ vingt-quatre heures, en le tenant à l'air sur le plancher d'une

chambre, où il acheve de se mûrir,
ayant l'attention de le remuer, pour
qu'il ne s'échauffe pas ; après ce tems,
on met les Mûres dans un baquet,
on les y écrase avec les mains, en y
versant de l'eau à mesure, pour séparer la graine d'avec le moût : on laisse
quelques momens reposer cette eau,
sur laquelle tout ce qui est étranger
à la graine surnagera, & l'on aura
soin de le jetter dehors : on conti-
nuera ainsi à mettre de l'eau dans
le baquet & à l'en faire sortir, en in-
clinant ce vase jusqu'à ce que la graine soit nette ; après quoi, en le rem-
plissant d'une nouvelle eau bien claire, le choix de la meilleure Graine se
fera ; car la bonne, qui est plus pesante, se rendra toujours dans le fond
du vaisseau, & on jettera, comme
inutiles, toutes celles qui surnage-
ront : l'on retirera ensuite cette bonne Graine du baquet, pour l'étendre
sur un linge & la faire sécher. Quand

elle fera bien féche, on la nettoiera,
& on la gardera dans un endroit fec,
pour s'en fervir dans la faifon. Cette
Graine ne fe conferve qu'une année,
pour être propre à être femée.

QUESTION III.

En quel tems faut-il femer le Pepin,
pour former un Semis ?

Cette Graine peut fe femer auffi-
tôt qu'elle a été recueillie, c'eft-à-
dire, vers le mois de Juillet; mais
cette faifon de l'Eté eft la plus dan-
gereufe, parce que non-feulement
alors on a à la garantir des ardeurs
du foleil, mais les Plantes ne pouvant, dans le cours de l'Eté, acqué-
rir affez de force, l'on doit craindre
qu'elles ne périffent dans les froids
de l'Hiver fuivant. L'on doit donc
préférer de femer cette Graine dans
le mois d'Avril : elle leve avec plus
de facilité dans le Printems ; il eft aifé
de la garantir des petites gelées de
cette

cette saison avec des claies de paille : les Plantes se fortifient assez dans le reste de l'année, pour résister au froid de l'Hiver. Au surplus, l'on doit aussi se régler par l'expérience que l'on a sur les saisons, relativement au climat du Pays.

QUESTION IV.

Quelle préparation donnez-vous à la terre pour votre Semis ?

Il faut choisir dans un Jardin potager l'endroit où la terre soit la plus franche & la meilleure, qui se trouve à l'abri des vents du Nord & autres vents froids. Ce choix fait, & avant l'Hiver qui précédera, il faudra défoncer ce terrein, à la bêche, à un pied & demi, en plaçant, dans le milieu de cette terre remuée, un fumier vieux, bien consommé. A la fin de l'Hiver il faudra donner un autre labour, à la bêche, & couvrir le terrein avec quelque fumier sec.

A·a·

QUESTION V.

Comment formez-vous les Planches de votre Semis?

Les Planches ne doivent pas avoir au-delà de quarante-huit à cinquante pouces en largeur, afin qu'on puiffe, fans mettre le pied dedans, les arrofer & arracher les herbes. Si par leur pofition on pouvoit amener des eaux fur ce terrein, pour y couler naturellement, il conviendroit alors de ne former ces Planches que d'un pied en largeur, en laiffant un efpace de terrein vuide de l'une à l'autre, fur lequel pafferoit l'eau: cette forme eft la plus avantageufe pour les arrofemens; mais elle eft fubordonnée à la fituation des lieux.

QUESTION VI.

Quelle quantité semez-vous à peu-près dans une planche de quatre pieds de large, sur vingt pieds de long ?

La Graine de Mûrier ne craint point d'être semée abondamment, parce que lorsqu'elle est levée, si l'on apperçoit en avoir trop employé, on éclaircit les Plantes, en arrachant les moins belles : cependant l'on estime que, sur une Planche de la grandeur désignée, cinq à six onces de Graine suffiront.

QUESTION VII.

Lorsque la Graine a poussé, sarclez-vous le Semis ; & faut-il l'arroser ?

Il est très - essentiel de sarcler le Semis des herbes, aussi-tôt que la Graine de Mûrier aura poussé assez haut, pour ne pas craindre d'enlever, avec les herbes, les jeunes Plantes. Cette opération doit être répétée toutes les fois que l'on apperçoit ces herbes; parce que si on les y laiſſoit, elles étoufferoient les Mûriers. Il n'eſt pas moins indiſpenſable d'arroſer le Semis, & de répéter ſouvent les arroſemens; mais il faut avoir l'attention, juſqu'à ce que la Graine ſoit levée, de couvrir les Planches, avant de les arroſer, de quelques pailles, pour empêcher que l'eau, qui ſortira des arroſoirs, n'affaiſſe la terre, & ne forme ſur la ſuperficie une eſpèce de croûte, qui, étant durcie par le ſoleil, feroit un obſtacle, que les jeunes Plantes auroient à vaincre pour lever, & ſous laquelle il arriveroit même que les germes périroient. Les arroſemens veulent être répétés chaque jour dans les chaleurs, & le matin, quelque tems avant que le ſoleil ait frappé ſur le Semis.

QUESTION VIII.

Combien de tems laiſſez-vous les jeunes Plantes dans le Semis ?

Si la Graine a bien levé dans le Semis, ſi les jeunes Plantes n'ont point
ſouffert des gelées du Printems,
qu'elles aient été arroſées dans les
chaleurs, qu'on ait eu le ſoin d'arracher les mauvaiſes herbes ; enfin,
que le terrein du Semis ait été bon
& engraiſſé par des fumiers, comme
nous l'avons dit, les Plantes, qu'on
appelle *Pourrettes*, feront en état
d'être levées du Semis, l'année ſuivante, dans la fin de Février. L'on
ne ſçauroit, à cet égard, donner
trop d'attention, pour ſe procurer
un pareil ſuccès, non-ſeulement
parce qu'on jouira plutôt de ces Plantes, mais encore parce qu'étant deſtinées à être tranſplantées, la plus
grande partie périroit dans la Pépiniere, ſi on les avoit laiſſées languir

dans le Semis pendant plusieurs années. Cependant si l'on a été contrarié par les saisons , & par la négligence ou l'ignorance d'un Jardinier, & que ces Plantes n'aient point pris assez de force dans la première année, il faudra les y laisser une année de plus ; mais dès le mois d'Avril suivant , l'on aura soin de couper tous leurs jets à fleur de terre ; cette opération se fait avec de gros ciseaux ou forces , tels que ceux dont on se sert pour tondre la charmille : l'on est assuré , par ce moyen , d'avoir de belles Plantes à la fin de l'année.

QUESTION IX.

Quelle force en grosseur & en longueur doit avoir la Pourrette , pour la sortir du Semis ?

La Pourrette, ou les jeunes Plants de Mûriers , seront très-forts lorsqu'ils auront à peu - près la grosseur d'un tuyau de plume , c'est-à-dire , cinq à six lignes de circonférence, en prenant cette mesure dans le bas de la plante, & à un pouce hors de terre. Quant à la hauteur, elle est indifférente, & se trouvera toujours d'environ deux à trois pieds, si la grosseur est telle que nous l'avons dit. Dans cet état, il convient de sortir ces Plantes du Semis, en ménageant leurs racines.

QUESTION X.

Dans quel tems portez-vous la Pourrette du Semis dans la Pépiniere?

Le tems le plus convenable est la fin de Février, ou le commencement de Mars, & aussi-tôt qu'on pense n'avoir plus à craindre de fortes & longues gelées.

QUESTION XI.

Faut-il un tems sec ou humide?

La terre est plutôt humide que séche, à la fin de Février & au commencement de Mars; cet état eſt celui qui convient le mieux à la repriſe des Plantes de Mûriers.

QUESTION XII.

Quelle préparation donnez-vous au tèrrein de la Pépiniere, avant d'y planter la Pourrette?

Le terrein veut être défoncé à un pied & demi; la nature de la terre doit être plutôt légere que forte, & ſurtout moins bonne que celle qu'on deſtinera aux Mûriers plantés à demeure.

QUESTION XIII.

A quelle diſtance plantez-vous les jeunes Plants dans la Pépiniere; & de quelle profondeur faites-vous les trous ou foſſes?

Nous avons dit qu'il étoit eſſentiel de ſortir les jeunes Plantes du Semis, dans la premiere année du tems où le Semis aura été formé; &, par les

ſoins

foins que nous avons prefcrits, l'on
a fait connoître combien il étoit important de donner à ces jeunes Plantes un accroiffement prompt. Cette
méthode doit être également obfer-
vée pour la Pépiniere ; mais comme
il ne feroit pas poffible dans une
grande étendue de terrein de multiplier les foins, qu'avec beaucoup de
dépenfe, il convient d'y fuppléer
d'abord, en mettant chaque Plante
fort à fon aife, & éloignées les unes
des autres de deux pieds neuf pouces,
à trois pieds en tout fens : par cet
arrangement, chaque Plante trouvera une nourriture abondante, fans
en priver fa voifine. Quant à la profondeur des trous, pour placer la
Pourrette, le terrein ayant été défoncé à un pied & demi, on ne fera
des trous qu'avec la cheville de fer,
comme pour planter la vigne : à cet
effet, on tendra un cordeau, & avec
une pioche, on tracera des lignes,

B b

diſtantes les unes des autres de deux
pieds neuf pouces , ou trois pieds
dans toute la longueur du champ :
on ſe ſervira du même cordeau, pour
tracer des lignes ſemblables, & à même diſtance dans la largeur, ce qui
formera ſur le terrein la figure d'un
échiquier à chaque angle, duquel un
homme, avec la cheville de fer, ouvrira un trou d'environ deux pieds
de profondeur , dans lequel un ſecond homme mettra la Pourrette ; un
troiſième enchaſſera cette Plante, &
la fixera dans ce trou, en y faiſant
tomber au fond quelques terres, qu'il
y preſſera avec un bâton, de maniere
que les racines de la Plante en ſoient
couvertes , ſans que ce trou ſoit entiérement comblé, afin que l'eau des
pluies puiſſe y pénétrer. On obſer-
vera qu'en plantant la Pourrette, il
faut couper le bout des groſſes racines juſqu'au niveau de celles qui ne
forment qu'une eſpèce de barbe , &

couper le jet à deux-à-trois pouces
de terre.

QUESTION XIV.

Quelle Culture donnez-vous à la Plante
dans la Pépiniere ?

Les fréquentes Cultures données à
la terre , font le meilleur amende-
ment qu'on puiſſe procurer aux Plantes ; c'eſt le ſeul qui convienne aux
Pépinieres de Mûriers : les Arbres que
l'on y veut élever , ſont deſtinés en
général à ſubſiſter dans de mauvais
terreins , leur éducation ne doit donc
point être trop délicate ; l'on veut
dire , qu'il ne faut pas ſuppléer par
des engrais aux labourages , qui doivent être leur ſeule & unique nourriture , autrement , il y auroit à craindre que ces Arbres , ſortans d'une
terre où ils auroient été trop careſſés ,
ne s'accoutumaſſent point aux différens terreins qu'on leur deſtine :
mais en refuſant à ces jeunes Plantes

Bb 2

un terrein fertile, & la reſſource de
tout engrais, il convient de ne leur
point ménager les labours ; l'on en
indiquera quatre principaux : le premier, dès la fin de Mars, ou au commencement d'Avril ; le ſecond, au
milieu de Mai ; le troiſième, en Août ;
& le quatrième, à la fin d'Octobre ;
ces labours doivent être faits à la bêche ou au trident, ſi la terre eſt pier-
reuſe ou caillouteuſe. Ces quatre labours ſont de rigueur ; c'eſt en dire
aſſez, pour faire entendre que l'on
fera très-bien de ne point s'y borner,
ſi les ſaiſons le permettent. Il ne faut
pas fixer à ces fréquentes Cultures les
ſoins que ces Plantes demandent ;
l'on aura encore attention dans l'Automne de la même année où la Pépiniere aura été formée, de ne laiſſer
à chaque ſujet qu'un ſeul jet, en
choiſiſſant le plus fort ; & l'on coupera, ſur cette même tige, toutes les
petites branches qui auront pouſſé

depuis le bas jufqu'à neuf ou dix pouces. Cette dernière opération pourroit fe faire au tems où l'on greffera; mais on confeille de ne pas la renvoyer, parce qu'indépendamment de ce que ce travail fe trouvera fait alors, il en réfultera l'avantage de ne pas faire à la fois plufieurs incifions à la Plante, par lefquelles il fe fait toujours une déperdition de feve qu'il eft avantageux de conferver pour la nourriture de la Greffe, lorfqu'on la placera.

QUESTION XV.

Combien de tems laiffez-vous la Plante fans l'enter?

Ce tems fera plus fubordonné aux foins que l'on prendra des Plantes dans la Pépinierè, qu'aux évenemens des faifons. Avec une bonne Culture, la Pourrette doit être en état d'être entée une année après qu'elle aura été plantée dans la Pépiniere;

B b 3

mais l'on ne sauroit se tromper sur cet article, parce que la seule grosseur de la Plante doit en décider. Il faut, pour cet effet, qu'elle soit assez forte pour recevoir dans son écorce l'œil ou le bouton que l'on aura pris sur un Mûrier greffé. Enfin, pour se fixer, l'on dira que la Plante aura assez de grosseur, si elle a sept à huit lignes de circonférence dans le bas, & un pouce hors de terre.

QUESTION XVI.

Il est, je crois, décidé que de quelque Arbre que provienne le fruit Pepin & Pourrette, la plante venue de Pepin est toujours sauvageonne ; je ne demande donc pas s'il est quelque espèce de Pourrette qui n'ait pas besoin d'être entée, pour en faire un bon Arbre.

Il est bien certain que de quelque espèce de Mûriers greffés ou sauvageons, dont la Graine sera provenue, elle ne produira qu'un Sauvageon qui demandera d'être enté; cependant, il n'eſt point indifférent de négliger le choix de la Graine. L'on doit, ainſi que nous l'avons dit, en répondant à la première Queſtion, s'aſſurer de celle du Mûrier Roſe ou d'Italie : la ſeve de la Plante qui en naîtra, ſe trouvant analogue avec celle de l'Arbre où l'on prendra la Greffe, il eſt à préſumer que l'ente réuſſira mieux, que l'Arbre en viendra plus beau, & que la Feuille en ſera plus parfaite pour la nourriture des Vers. D'ailleurs, ſi l'on veut élever du Sauvageon, celui qui naîtra d'une Graine priſe d'un Mûrier d'Italie , aura une Feuille plus belle, & d'une meilleure qualité qu'un autre, dont l'origine eſt entiérement ſauvage.

Bb 4

QUESTION XVII.

En quel tems faut-il enter l'Arbriſſeau dans la Pépiniere ?

La ſaiſon d'enter la Pourrette dans la Pépiniere eſt le Printems, & auſ-ſi-tôt qu'on peut ſe procurer les pre-mières Greffes : on peut auſſi enter au commencement de Juillet, ou au plus tard dans les premiers jours d'Août, en choiſiſſant un tems ſec & chaud. De ces deux ſaiſons, du Printems ou de l'Eté, pour enter, l'on conſeille de choiſir celle du Prin-tems ; premierement, parce que ſi la Greffe venoit à manquer, l'on auroit la reſſource d'en placer une autre dans le mois de Juillet ; autrement, préférant le tems de l'Eté, pour cette opération, & ſuppoſant également un mauvais ſuccès, vous êtes obligé de perdre une année ; ſecondement, en greffant au mois d'Avril, ſi l'an-née eſt favorable, votre greffe donnera un jet de plus de six pieds ; au lieu qu'en ne plaçant les Greffes qu'en Eté, leur poussée ne peut être dans l'année que de vingt - quatre à trente pouces, qui, n'étant pas la hauteur nécessaire à l'Arbre, vous oblige à couper ce jet au Printems suivant, afin d'en obtenir un autre dans cette seconde année, de la hauteur que vous desirez, ce qui est assez ordinaire dès la premiere, en greffant au mois d'Avril : ainsi, en profitant du Printems, vous pouvez vous procurer des Arbres une ou deux années plutôt que si vous retardiez jusqu'à l'Eté. L'on doit cependant observer que le tems le plus contraire à la réussite des Greffes est celui des pluies ; en sorte que dans un Printems pluvieux, il peut en manquer beaucoup : mais n'a-t-on pas le même inconvénient à craindre dans les Etés ? Il faut consulter un peu dans l'une & l'autre saison, le climat des Pays & le tems préfent, avant de commencer à greffer. Au furplus, les pluies ne font abfolument contraires, qu'autant qu'elles font de durée, trop abondantes, & qu'elles furviennent dans les quinze premiers jours après les Greffes placées ; parce qu'elles les délavent, & les empêchent de fe coller au fujet.

QUESTION XVIII.

Eft - il plufieurs méthodes d'enter ?
Quelle eft la meilleure ?

La Greffe fe pratique de plufieurs façons différentes, & le Mûrier en eft fufceptible ; cependant de toutes les façons de Greffes, celle à l'Ecuffon fe pratique le plus ordinairement fur cet Arbre ; elle eft la plus facile à mettre en ufage, & celle qui réuffit le mieux.

QUESTION XIX.

De quel Arbre faut-il prendre l'œil pour enter, c'est-à-dire, quelle est la meilleure espèce de Mûrier, pour la nourriture des Vers à soie?

Les plantations de Mûriers ont pour objet la nourriture des Vers à soie; & quoique cet Insecte précieux se nourrisse de toutes espèces de feuilles de Mûriers, cependant il en est qu'il préfére, & qu'il convient de lui donner, suivant ses différens âges. Nous renvoyons, pour ces détails, à l'Instruction sur la maniere d'élever les Vers à soie; & nous nous bornerons à faire connoître ici la meilleure espèce de Mûriers pour les Vers, pour la qualité de la soie, ou pour le plus grand avantage des Propriétaires & des Nourriciers. Cette espèce est celle du Mûrier Rose ou d'Italie, la même avec laquelle on éleve les Vers à soie en Piédmont.

C'eſt à la connoiſſance de cet Arbre, que les Provinces de Languedoc, Vivarais, Provence & Haut-Dauphiné ſont redevables de la quantité de ſoie qu'elles recueillent aujourd'hui, tandis que notre Province du Lyonnois, attachée depuis cinquante à ſoixante années à ne cultiver encore que le Mûrier ſauvageon, connoît à peine ce produit.

Le Mûrier Roſe ou d'Italie eſt nonſeulement le plus convenable à la nourriture des Vers à ſoie, mais il eſt encore celui qui la fournit avec le plus d'abondance. Nous avons comparé la dépouille de ſes feuilles, à l'âge de huit ans, contre un Sauvageon de même âge, planté dans le même champ : le premier nous a donné cinquante livres de feuilles : le ſecond n'en a pas eu dix livres. La dépouille du premier a été faite en moins de trente minutes, & celle du ſecond a occupé le Cueilleur une matinée entière ; enfin, la feuille du premier a été louée trente fols, celle du fecond cinq. Voilà des avantages bien confidérables, qui n'en feront pas moins combattus par le préjugé, enfant de l'ignorance.

QUESTION XX.

Laiſſez-vous ſubſiſter la Plante en en-tier, lorſque vous placez la Greffe ; & comment la conduiſez-vous ?

La Plante, ou le fujet fur lequel on fe propofe de placer la Greffe, aura deux à trois pieds de hauteur ; elle formera un petit buiſſon ; l'ente fera placée à cinq à fix pouces hors de terre. Vous ne laiſſerez fubfifter la Plante, qu'à la hauteur d'un pied & demi avec une partie des bran-ches qui y tiendront, c'eſt-à-dire, à environ un pied au-deſſus de l'en-droit où vous aurez pofé la Greffe ; afin que la feve fe partageant encore entre le Sauvageon & la Greffe, elle ne se porte pas avec trop d'abondance à cette dernière, ce qui la noieroit & la feroit pourrir. Quinze jours ou trois semaines après, vous réduirez ce pied de tige à six pouces seulement, en supprimant toutes les branches sauvageonnes; & lorsque vos Greffes s'éleveront à un demipied, vous les lierez foiblement avec quelques écorces à ce reste de tige, qui leur servira de tuteur pour les faire pousser droit. Huit jours que durera ce lien, seront suffisans pour leur donner le pli : alors ce reste du Sauvageon devenant inutile, vous le couperez entiérement, sans offenser ni ébranler la Greffe, dont vous couperez la ligature.

QUESTION XXI.

Lorsque l'ente n'a pas poussé un jet assez haut, pour former la tige de l'Arbre dans la premiere saison, de quelle maniere faut-il se procurer le second jet?

En répondant à la dix-septième Question, nous avons dit qu'en greffant au mois d'Avril, l'on devoit espérer d'avoir dans la même année un jet assez haut pour former l'Arbre; ce que l'on ne doit pas attendre, si l'on greffe en Eté: dans ce dernier cas, la Greffe n'ayant pas assez du reste de l'année, pour pousser à cinq à six pieds de hauteur. Cependant, on ne doit point dissimuler que, contrariées par les saisons, il arrive quelquefois que les Greffes du Printemps n'acquierent pas la hauteur ordinaire: ainsi, l'on doit donc se conduire à leur égard, comme pour les Greffes placées au mois de Juillet,

c'est-à-dire, qu'il faut au mois d'Avril
suivant , couper tous les jets à un
pouce au-deſſus de l'ente, d'où il for-
tira pluſieurs boutons, que vous laiſſerez pouſſer pendant huit à dix
jours, & ſur leſquels vous choiſirez
celui qui vous paroîtra le plus vigoureux , & que vous verrez pouſſer le
plus droit : après ce choix , vous dé-
truirez tous les autres ; & redoublant
les Cultures dans la Pépiniere, vous
obtiendrez dans la même année la
hauteur convenable au Mûrier.

Si cependant on veut ſe contenter
d'une tige qui ne ſoit pas réguliére-
ment droite, alors, au lieu de couper le jet de l'année précédente à un
pouce au-deſſus de l'ente, vous pouvez ne retrancher que le haut de la
Plante que vous verrez foible , &
couper préciſément au-deſſus d'un
œil ou bouton qui ſe préſentera le
plus propre à s'élever, ſans s'éloigner
trop de la ligne droite de la tige. L'on
conçoit

conçoit que ce bouton fe trouvant fur le côté de cette tige, formera, en s'élevant, un coude; cependant la tige, pour n'être pas auffi belle, n'en rendra peut-être pas l'Arbre moins bon. Il eft peu de Jardiniers qui ne fe contentent de cette méthode; l'on doit même dire que ce coude s'efface dans la fuite, lorfque la Plante groffit.

Au furplus, nous obferverons qu'en général nous n'avons jamais voulu nous contenter de ces tiges recourbées; nous penfons que la feve fe porte avec plus de facilité & de force à la tête de l'Arbre, lorfqu'elle n'eft pas détournée dans fa circulation par ce coude: d'ailleurs, l'on doit toujours avoir du regret de fe priver de la beauté d'une Plante, lorfqu'il a dépendu de foi de fe la procurer. Enfin, nous n'avons point eu à nous repentir des fcrupules que nous nous fommes faits à cet égard;

& peut-être aurions-nous à nous flatter que c'eſt à cette délicateſſe de conduite que nous devons l'heureuſe réuſſite de ſeize mille pieds de Mûriers, ſortis de nos Pépinieres.

QUESTION XXII.

Quelle élevation jugez-vous à propos de donner à la tête de cet Arbre ; & quelle en eſt la raiſon ?

Le Mûrier ne demanderoit pas à être élevé de tige à plus de quatre pieds & demi ; ſa tête ſeroit plus belle, il ſe coëfferoit mieux , ſeroit moins battu par les vents, plus facile à entretenir par la taille, la cuillette des feuilles plus aiſée, & par conſéquent plus exacte : mais pour profiter de tels avantages , il faut deſtiner ces Arbres à être placés à demeure dans un enclos, à l'abri des beſtiaux, qui ſont tous friands de ſa feuille , & dont la dent leur fait le plus grand tort. Si l'on ne peut ſe défendre de cet inconvénient, il est à propos d'en élever la tige jusqu'à six pieds.

QUESTION XXIII.

Travaille-t-on les Arbres dans la Pépiniere, soit au pied, soit à la tête; & dans quelle saison?

Nous avons indiqué à la quatorzième Question les labours nécessaires à la Pépiniere, que nous avons réduits à quatre de rigueur dans l'année : la Pépiniere étant greffée ne demande pas moins de travail ; & nous invitons tous ceux qui en auront formé de ne point se relâcher à cet égard. Quant au travail qu'il y a à faire à la tête des Arbres, nous dirons que dans la premiere année de la greffe il faut laisser pousser le jet en liberté, & sans y rien faire. Il s'élevera en jettant des feuilles à chaque œil & au long de la tige, que vous n'abattrez point ; mais à la seconde année, cette tige ayant acquis sa hauteur, vous la couperez au mois d'Avril de tout ce qui sera excédent à la hauteur que vous avez desirée : alors, pour fortifier la tige en grosseur, il faudra retrancher tous les Bourgeons qui pousseront dans sa longueur, en passant la main du haut en bas, & vous ne laisserez subsister qu'un ou deux jets à la pointe, pour commencer à former la tête de l'Arbre.

QUESTION XXIV.

Faut-il donner des tuteurs aux Arbres dans la Pépiniere ?

Ce soin seroit superflu, & occasionneroit une dépense dont la nature de cet Arbre doit dispenser ; mais si l'on s'apperçoit que la tête devienne trop forte, trop pesante pour la grosseur de la tige, & que les vents la fassent pencher, jusqu'à former de ces Plantes des espèces de demi-cercle, il faudra aussi-tôt décharger la tête , en supprimant une partie des branches.

QUESTION XXV.

Combien d'années laissez-vous les Arbres dans la Pépiniere ? N'est-il pas dangereux de les y laisser trop long-temps , à cause de leur proximité ? Est-ce leur grosseur qui doit décider ?

Par ce que nous avons dit précédemment , l'on a vu que la Pourrette plantée en Pépiniere , à la fin de Février ou au commencement de Mars , sera en état d'être greffée l'année suivante au mois d'Avril ; que dans cette même année la Plante acquerra sa hauteur ; que dans la suivante elle se fortifiera en grosseur , & que l'Arbre pourra être planté à demeure au mois de Novembre. Nous nous étendrons plus au long sur la saison la plus favorable aux Plantations , en répondant à la vingt-neuvième Question. Ainsi , en supposant une pleine

& entiere réuffite, cet Arbre n'aura
été en Pépiniere que trois années ;
mais comme on n'eft pas maître des
évenemens, il faut compter fur quatre années. S'ils en paffoient plus de
cinq dans la Pépiniere , l'on auroit
raifon de les rebuter , parce qu'il feroit fort à craindre qu'ils ne reprif-
fent pas. La groffeur de l'Arbre, au
furplus, ne doit point décider fur le
choix ; il ne faut s'attacher qu'à l'âge
& à une belle écorce, pour s'affurer
du fuccès d'une plantation.

QUESTION XXVI.

Quand vous fortez l'Arbre de la Pépi-
niere , laiffez-vous de la terre autour
des racines ? retranchez-vous des ra-
cines ?

En fortant l'Arbre de la Pépiniere ,
il faut avoir la plus grande attention,
pour ne point offenfer fes racines ;
pour cet effet, il faut les attaquer de
loin, en faifant une foffe très-large

autour du pied. Il ne seroit pas possible d'enlever ses racines avec la terre qui les enveloppe, parce qu'elles sont pour l'ordinaire entrelassées avec celles de la Plante voisine : il suffit d'agir de maniere à en conserver le plus qu'on peut, particuliérement des chevelus, qui sont de nouvelles racines plus propres que les anciennes, à porter une prompte & abondante nourriture. Nous renvoyons à parler du retranchement qu'il faut faire à ces racines, lorsque nous parlerons de la plantation de l'Arbre.

QUESTION XXVII.

Quel est le terrein le plus convenable pour y planter le Mûrier ?

C'est du choix du terrein & de son exposition que dépendra la belle qualité de la soie. Toute terre fertile pour le froment, sera peu convenable pour procurer de belle soie : le Mûrier cependant y deviendra un bel Arbre ;

mais la feuille fera trop nourriffante; elle aura trop de fuc, trop de fubftance; & s'il y avoit quelque profit à élever le Mûrier Sauvageon, nous oferions dire qu'il conviendroit mieux dans cette efpèce de terrein, pour la qualité de la foie, que le Mûrier greffé. Nous faifons la même obfervation pour les terres près des Rivieres ou des Ruiffeaux. Il ne convient pas non-plus de placer le Mûrier dans le voifinage des Haies ou d'autres Arbres, dont l'ombre & les racines leur feroient très-préjudiciables. Une régle générale, & à laquelle on peut s'arrêter, c'eft que cet Arbre demande le même grain de terre, & l'expofition d'une vigne plantée pour cueillir le meilleur vin. Ainfi, le terrein convenable aux Mûriers feroit un côteau, d'une terre légere & douce, fablonneufe, pierreufe & caillouteufe, dont l'expofition feroit au Midi ou au Levant. Au furplus

plus, le Mûrier vient par-tout ; mais l'on doit être très-réfervé, pour ne pas en garnir de bonnes terres propres à la production du bled.

QUESTION XXVIII.

De quelle grandeur faut-il faire les creux pour ces Arbres ; & combien de temps avant la Plantation ?

Si vous deftinez vos Arbres pour un terrein léger, mais qui ait du fond, il fuffira de faire les trous ou foffes de fix pieds en quarré, fur deux pieds & demi de profondeur.

Si le terrein a peu de fond, qu'il y ait de la roche, il faut faire les trous à la même profondeur, mais à huit à neuf pieds en quarré fur la fuperficie.

Si la terre eft graffe, fi elle eft lourde, & qu'elle retienne l'eau, les creux doivent être faits à fix pieds en quarré, mais à trois pieds & demi de profondeur.

D d

Dans tous ces différens terreins il
convient de faire les trous dans l'Automne, pour planter à la fin de Février, afin qu'ils puissent recevoir
les pluies, les neiges & les gelées de
l'Hiver, qui fertilisent la terre par les
sels qui s'y déposent.

QUESTION XXIX.

*Quelle est la saison la plus favorable
pour sortir le Mûrier de la Pépiniere,
pour le transplanter?*

La seve dans le Mûrier se conserve en mouvement beaucoup plus
tard que dans tous les autres Arbres ;
c'est pourquoi, il ne convient guére
de le sortir de la Pépiniere dans l'Automne, à moins qu'il ne fût destiné
à être transporté au loin ; parce que
dans ce cas, il vaudroit mieux encore
l'ôter de la Pépiniere sur la fin de Novembre, que dans le commencement
de Février, où l'on a à craindre de
longues & fortes gelées, qui le fe-

roient périr dans le trajet ; mais si la Plantation qu'on veut faire est voisine à une ou deux journées seulement de la Pépiniere, il sera très-bien de ne faire sa Plantation qu'à la fin de Février, ou dans les premiers jours de Mars ; ce qui est toutefois subordonné au temps : car il ne faut point arracher l'Arbre ni le planter dans la gelée. Les Jardiniers prétendent qu'il vaut toujours mieux planter en Automne, parce que, disent-ils, l'Arbre pousse quelques chevelus pendant l'Hiver. Cette régle peut être vraie pour toutes sortes d'Arbres ; mais le Mûrier, qu'ils ne connoissent pas, en fait l'exception. Nous, nous sommes bien convaincus qu'il reste pendant l'Hiver dans le même état exactement où il a été placé dans l'Automne : ainsi, n'ayant pas l'espérance que les racines commenceront à travailler dans l'Hiver, on ne sauroit avoir celle qu'il puisse avancer plutôt dans le Printemps ; & il est à craindre que si le froid est rigoureux dans l'Hiver, il n'attaque les racines recouvertes avec une terre nouvellement remuée, qui laisse ouverture au froid : d'ailleurs, si les racines n'en souffrent pas, n'est-il point dangereux que la tête, qui n'a aucun abri, & sur laquelle on a laissé le bas des premieres branches, ne se ressente des gelées qui feront périr les Bourgeons destinés à former la nouvelle tête de l'Arbre ? Au surplus, nous n'ignorons pas qu'il s'est fait avec succès des Plantations dans les mois de Novembre & Décembre ; mais nous osons dire que ceux qui les ont faites ont été favorisés par les circonstances d'un Hiver doux, sans cependant que leur Plantation ait eu aucune supériorité sur celles faites dans les mois de Février ou de Mars,

QUESTION XXX.

A quelle distance faut-il planter les Mûriers?

Cette distance doit se régler par la qualité du terrein & par les différentes récoltes qu'on juge nécessaires à l'économie d'un Domaine; les premiers objets de nécessité, font les bleds & autres grains, ainsi que les fourages; celui de la soie ne doit être compté qu'après, & comme un supplément de richesses: ainsi, dans un Domaine, dont les terres font fertiles, l'on doit se contenter de planter des Mûriers dans les bordures des champs, & les placer à trente pieds les uns des autres; si la terre est de médiocre qualité, on les plantera à quinze pieds.

Si on vouloit en former un quinconce, & en remplir une piéce de terre très-fertile, il faudroit les espacer les uns des autres de sept toises. Mais comme il est peu de Domaines où dans le nombre des champs, dont il est composé, il ne se trouve quelques parties de terre de peu de valeur, quelques côteaux incultes, quelques vignes anciennes de peu de produit; ce sont à ces parties auxquelles il convient de s'attacher pour les remplir en Mûriers, & y sacrifiant toute autre espèce de produit, l'on pourra placer, dans de tels endroits, les Mûriers à quinze ou dix-huit pieds les uns des autres en quinconce. Ces Arbres, soit par la médiocrité du terrein, soit par le peu d'éloignement où ils seront les uns des autres, ne deviendront amais bien forts; mais leurs branches ne s'écartant pas autant qu'elles le feroient dans un champ fertile, il y aura moins de difficulté à en cueillir les feuilles, & le nombre d'Arbres, qu'un petit espace de terre contiendra, suppléera, pour la feuil-

le, à la grosseur que ces Arbres auroient acquise ailleurs.

QUESTION XXXI.

*Quelle est la meilleure méthode pour
planter les Mûriers à demeure ?
Faut-il les fumer en plantant, ou
après les avoir plantés ?*

Après avoir donné toute l'attention possible, pour ne pas offenser
les racines du Mûrier en le sortant
de la pépiniere , s'il s'en trouve
quelques-unes qui aient été rompues
ou fortement froissées , il faudra les
couper entiérement & rafraîchir les
autres, ainsi que tous les chevelus ;
c'est ce que les Jardiniers appellent
habiller l'Arbre. On doit aussi couper
toutes les branches, à l'exception de
deux ou trois des mieux disposées ,
qu'on laisse pour former la tête , &
qu'on réduit à un ou deux pouces
sur le tronc, observant que dans
cette longueur il se montre quelques

boutons en dehors ; s'il ne s'en trouvoit aucun , & qu'il en parût à un
pouce plus haut , il conviendroit de
ne couper qu'au-deſſus.

Les racines & la tête de l'Arbre
étant ainſi diſpoſées , on jette dans
le trou , qui a été ouvert pour le recevoir, un pied de bonne terre, que
l'on prendra ſur la ſuperficie du
champ, après quoi on place le Mûrier , en obſervant de laiſſer la Greffe
hors de terre , & en arrangeant ſes
racines ſuivant leur diſpoſition naturelle ; on les recouvre par un demi-
pied de terre pareille à celle que l'on
a miſe au fond : ſi l'on a quelque
terreau ou fumier, il ſera très-bien
d'en jetter ſur cette ſeconde couche
de terre ; l'on ſera payé de cette attention & de cette dépenſe , par le
bon effet qu'elle produira ſur la Plante. Enfin, ſoit qu'on mette ce fumier, ou qu'on s'y refuſe, il faudra
combler la foſſe avec la terre qui en

aura été sortie lorsqu'on l'a creusée. On observera, en comblant ce creux, de ne point amonceler la terre au pied de l'Arbre, parce que cette élevation en talus éloigneroit des racines l'eau des pluies.

Si l'on plante le Mûrier dans une terre sujette à retenir l'eau, nous avons dit qu'il falloit que les trous eussent un pied de plus en profondeur que par-tout ailleurs ; la raison en est, qu'il convient de donner un écoulement aux eaux, qui, par un trop long séjour, gâteroient les racines, ou nuiroient à la qualité de la feuille. Pour parer à ces inconvéniens, il faudra remplir ce pied de profondeur de plus avec des cailloux & de mauvaises broussailles, au travers desquels l'eau se fera jour ; après quoi, l'on se conduira comme nous venons de le dire, pour les Mûriers à planter dans des terreins secs & légers.

Si l'on fait venir les Mûriers de fort loin, ou qu'après les avoir tirés de la pépiniere, on demeure longtemps à les planter, il conviendra de mettre tremper les racines dans l'eau, pendant huit à dix heures, ensuite les couper jusqu'à ce que l'on en voie sortir une matiere laiteuse : cette attention est si nécessaire, qu'on ne doit pas craindre de les trop raccourcir, parce que quand elles ne subsisteroient, ainsi que les chevelus, que dans la longueur de six à sept pouces, cela suffiroit ; & au contraire, si l'on ne coupoit pas les racines jusques dans le vif, elles sécheroient dans la terre, & l'Arbre périroit.

QUESTION XXXII.

Faut-il mettre des tuteurs aux jeunes Arbres, & de quelle hauteur ?

Aussi-tôt que l'Arbre est planté, il est nécessaire de le soutenir par un échalas, dont la grosseur doit être

d'environ six à sept pouces de circonférence : les échalas feront faits
avec du bois de châtaigner ou de
pin ; je donne la préférence à ce dernier, quoiqu'il dure moins, mais il
est plus droit & se joint mieux à la
tige de l'Arbre, qui d'ailleurs n'a
exactement besoin de ce secours,
que jusqu'à ce qu'il soit bien enraciné. Ces échalas ou tuteurs doivent
avoir huit pieds de longueur ; ils seront fichés en terre à deux pieds, &
l'Arbre en ayant six de hauteur, ils
atteindront jusqu'à la tête ; il ne faut
pas qu'ils surmontent, sans quoi, les
vents agitant les jets qui pousseront
au Printemps, ils se briseroient contre ce qui excéderoit de l'échalas au-
dessus de la tige : il ne faut pas aussi
que ces tuteurs soient trop courts,
autrement, ils offenseroient la tige
dans l'endroit où ils resteroient en
défaut. Ces échalas seront fixés à
l'Arbre par des liens en osier à un

pied de la tête & au centre de la
Plante ; mais dans la crainte que ces
liens n'offensent l'écorce, il faudra
entr'eux & l'Arbre placer des nœuds
de paille.

Nous ne pouvons passer sous silence une pratique que nous avons
mise en usage, & à laquelle l'extrême beauté de nos Plantations ne
permet pas d'avoir regret : on ne la
prescrit point comme de rigueur,
mais les personnes attachées à leur
Plantation ne négligeront peut-être
pas de la suivre. Il s'agit d'empailler
les jeunes Mûriers depuis le bas de
la tige jusqu'à la tête ; cette attention
garantit l'écorce des ardeurs du Soleil & des grands froids de l'Hiver :
l'une & l'autre de ces extrémités font
quelquefois éclater l'écorce, qui est
plus tendre sur ce Mûrier que sur le
Sauvageon, & il se fait, par ces
éclats, une déperdition de seve désavantageuse à l'Arbre. Au surplus,

une claie de paille de seigle suffit pour plusieurs; la dépense est modique, & l'objet de ce ménagement est intéressant.

QUESTION XXXIII.

Dans quelle saison convient-il de travailler les Mûriers au pied ; combien de fois par an ; & à quelle distance du pied doit-on les travailler ?

Les Cultures à faire au Mûrier planté à demeure, sont les mêmes que celles indiquées pour ceux qui sont en pépiniere. Ses labours, on le répéte, doivent être donnés en Mars ou Avril, Mai, Juillet ou Août, & à la fin d'Octobre, toujours avec la beche ou le trident, suivant la qualité du terrein, & à une toise en quarré autour du pied de l'Arbre. L'on invite tous ceux qui voudront former de belles Plantations, à ne rien négliger sur cette Culture. Pour être en état de l'exécuter, on ne

doit femer ni bled ni légumes dans
cet efpace de terrein ; il faudroit
auffi n'en point femer dans toute la
ligne que forme une rangée : il feroit
encore à defirer que dans des champs
couverts de Mûriers l'on ne répandît
le grain qu'avec le Semoir ; car indépendamment de ce que les récoltes
en feroient beaucoup plus confidérables, c'eft qu'avec cet inftrument
d'Agriculture l'on ne répand le grain
qu'où l'on veut, & que l'on feroit
affuré qu'il n'en feroit pas jetté au
pied des Arbres. D'ailleurs, tout le
grain qu'on pourroit recueillir au
long des lignes de Mûriers, fera fou-
lé par ceux qui ramafferont la feuille :
ce grain perdu eft le moindre inconvénient, fi l'on confidére que les
Plantes de bled (dont vous ne pro-
fitez pas) ont attiré à elles toute la
fraîcheur de la terre, en ont privé
les racines de l'Arbre, & leur ont
empêché de profiter des labours,

les effets du Soleil & des rosées : c'est par cette raison, qu'il est fort ordinaire de voir périr ainsi de très-beaux Mûriers, qui promettoient beaucoup dans la premiere, seconde & troisieme années ; ou si la fertilité du terrein les conserve, leur produit est considérablement retardé.

QUESTION XXXIV.

Dans quel temps & comment travaille-t-on à former la tête du Mûrier ?

L'on ne doit point toucher à la tête du Mûrier qu'au commencement de sa seconde année, c'est-à-dire, dans le mois de Février ou de Mars. Jusqu'à ce temps, il faut le laisser pousser avec liberté, à l'exception des bourgeons qui sortiront au long de la tige, qu'il faut avoir grand soin de détruire, en visitant ces jeunes Arbres tous les huit jours ; la paille, dont nous avons conseillé d'envelopper la tige, n'y met point d'obstacle, parce qu'on voit ces bourgeons percer au travers; d'ailleurs, nous ajouterons que cette enveloppe doit être très-légere. Quant à la tête de l'Arbre, on commence dès la seconde année à travailler à la former; pour cet effet, on n'y laissera que trois à quatre jets de tous ceux qui auront poussé, en choisissant ceux avec lesquels l'on présumera pouvoir donner, avec plus de facilité, la forme d'un calice à la tête de l'Arbre; ces jets conservés, seront coupés à un pied du tronc, s'ils ont poussé fort haut; s'ils sont foibles, il faudra les couper seulement à six pouces. Ces jets, l'année suivante, en pousseront beaucoup d'autres, que l'on taillera de même, en n'en conservant que deux ou trois sur celui de l'année précédente, & toujours en choisissant les mieux disposés, pour donner à la tête de l'Arbre la forme que nous avons prescrite. Au surplus, furplus, il eſt très-difficile de décrire une Pratique ſûre pour cette taille ; on ne peut qu'en donner une lé-gere idée, parce qu'elle doit varier par l'inſpection de la tête & des bran-chages ; nous aurons occaſion d'en parler ailleurs.

QUESTION XXXV.

Quand eſt-ce qu'on peut commencer à ramaſſer la Feuille ?

L'on doit commencer à ramaſſer la feuille après la ſeconde année où l'on aura formé la tête à l'Arbre, c'eſt-à-dire, à la troiſieme année de la Plantation : il ſeroit dangereux d'at-tendre plus longtemps ; mais l'on doit avoir attention de cueillir cette feuille de très-bonne heure dans la ſaiſon, & au plus tard dans les pre-miers jours de Mai, par la raiſon qu'il convient de procurer à ces jeu-nes Arbres tous les avantages de la ſeconde ſeve.

E e

QUESTION XXXVI.

Quelle est la meilleure métbode pour mé-
nager l'Arbre en ceuillant la feuille ?

Pour avoir la feuille du Mûrier, &
ne faire aucun tort aux branches, il
faut que ceux chargés de la ramaffer, prennent la branche de bas en
haut, & non point du haut en bas,
& coulant ainfi la main, ils auront
la feuille fans offenfer la branche,
autrement, ils enleveroient avec la
feuille l'écorce de la branche, & dé-
truiroient tous les bourgeons qui
doivent faire leur pouffée au mois
de Juillet. Il faut auffi que les Cueilleurs aient le foin de ramaffer toutes
les feuilles, fans quoi, la feve fe
portant à nourrir celles que l'on auroit laiffées, agiroit avec moins de
vigueur, & abandonneroit même
les parties de l'Arbre où il n'en feroit
point refté ; ces branches ne pouffe-
roient plus que quelques foibles jets,

qui par la suite périroient ou devien-
droient buissonneux, ainsi qu'on le
voit sur les Mûriers sauvageons,
dont il est impossible de ramasser la
feuille exactement.

Il convient encore de faire la
cueillette de la feuille de bonne heure; mais cet article, dira-t-on, dépend du temps jusqu'auquel les Vers
à soie ont besoin de nourriture : cela
est vrai, aussi conseillons-nous de
faire éclorre la Graine le plutôt qu'il
sera possible ; mais si ce temps porte
loin, il faudra se souvenir l'année
suivante de commencer à ramasser la
feuille aux Arbres où elle aura été
cueillie l'année précédente la derniere, & chaque année prendre à
rebours la Plantation : par ce moyen,
vous donnerez à vos Arbres de deux
années l'une les avantages de la seconde seve, &, pour me servir à
cet égard d'une expression connue
des Jardiniers, vos Arbres en autom-

neront mieux, c'est-à-dire, pousseront plus de jets pour l'année suivante.

QUESTION XXXVII.

Faut-il, après qu'on a cueilli la feuille,
couper des branches de l'Arbre, & le
tailler en dedans & en dehors, ou
simplement le nettoyer des petites
branches cassées ?

Il sera très-nécessaire qu'un Jardinier instruit prenne soin d'un jeune
Arbre aussi-tôt qu'il aura été dépouil-
lé de ses feuilles, parce qu'il répa-
rera le mal dans sa naissance ; d'ailleurs, au moment où l'on lui a ôté
ses feuilles, la seve n'ayant plus de
nourriture à y porter, est repompée
dans les racines, & s'y arrête quelques jours ; ainsi, ce temps de tailler
l'Arbre est favorable, parce que cette
taille n'occasionnera qu'une foible
déperdition, & sera cicatrisée avant
que la seve remonte : ainsi, lorsque

Le Jardinier appercevra que quelques branches auront été offensées par la cueillette des feuilles, il les coupera au-dessous du mal qui s'y trouvera fait ; il doit aussi retrancher toutes les branches qui auront poussé au-dedans de la tête de l'Arbre, celles qui pousseront en travers, celles qui seront foibles ou mortes, en ménageant les yeux ou boutons qu'il appercevra au bas & à la naissance de ses branches. Enfin, dans les premieres années il tiendra basses toutes les jeunes branches, en coupant à un pied les nouvelles poussées, & de maniere qu'elles soient toutes à l'œil de même hauteur.

Nous ne disons rien des branches chifonnes, de celles de faux bois, des branches gourmandes, parce qu'il est très-rare d'en trouver sur le Mûrier, & que tout Jardinier les connoît, & sçait qu'elles doivent être retranchées.

QUESTION XXXVIII.

Lorfqu'un Arbre eſt jeune & qu'il ne profite pas, quels ſont les ſymptô-mes auxquels on connoît qu'il ſouf-fre ; & quels ſont les remédes qu'on peut y porter ?

L'on doit juger qu'un Arbre ſouf-fre, lorfqu'on ne le voit pas pouſſer auſſi vigoureuſement que les autres de la même Plantation ; que les jets de chaque année ſont foibles & grê-les ; que ſes feuilles ſe replient, & qu'elles jauniſſent dès la fin du Printemps : alors, il convient de re-doubler les Cultures, d'enlever un pied de terre vers les racines, & d'en porter de neuve, mêlée avec quelques fumiers ſecs : ſi ce remédé ne le ranime pas, l'on fera très-bien de lui couper la tête, non pas ſur le tronc, mais à un pied ſeulement, en ne lui laiſſant que trois à quatre branches des mieux difposées, pour lui former une tête nouvelle.

QUESTION XXXIX.

Quelle eft la forme & quelles font les bornes dans lefquelles on doit tenir ces Arbres, pour qu'on puiffe cueillir facilement toute la feuille & n'en point perdre, c'eft-à-dire, doit-on les laiffer garnis beaucoup en dedans, & les empêcher de trop s'étendre en hauteur & en largeur ?

La forme de cet Arbre, ainfi que nous l'avons dit, doit être à peu-près celle d'un calice ou d'une cloche renverfée; cette forme eft néceffaire, pour donner entrée dans le cœur de l'Arbre aux cueilleurs de feuilles, & pour que l'air & le foleil puiffent pénétrer dans l'intérieur de la tête, procurer aux feuilles les qualités qu'elles doivent avoir, les agiter, & les fécher des rofées du matin. Quant aux bornes où l'on doit tenir

les branchages de cet Arbre, c'est-
à-dire, la maniere dont on doit l'élever, l'on ne peut indiquer que des
principes généraux, qui seront toujours subordonnés aux différens
progrès que cet Arbre fera, suivant
le terrein dans lequel il sera placé, &
le plus ou le moins de Culture & de
soins qu'on lui donnera. Nous dirons
cependant qu'il faut se conduire,
pour les branches que poussera cet
Arbre, à peu-près de la même maniere que l'on aura fait, lorsqu'on a
voulu lui former la tête. L'on a vu
à cet égard qu'il convenoit de ne laiss-
ser sur le tronc que trois à quatre
branches, & les couper à un pied
ou six pouces de hauteur, suivant
leur dégré de force ou de foiblesse :
la raison de cette premiere pratique
est d'abord de ne pas trop charger
la tête de l'Arbre, que la tige ne
pourroit pas soutenir, & en coupant
ses branches, de les aider à se for-
fortifier

tifier en groffeur : les mêmes raifon-
nemens s'appliquent également aux
branches que l'on aura dans la fuite
à élever. L'on fera donc le choix de
celles qui fe préfenteront fur chaque
branchage ; on n'en laiffera fubfifter
qu'une ou deux des mieux difpofées,
pour la forme de l'Arbre ; on les
coupera à cinq à fix pouces du branchage fur lequel elles ont pris naiffance : l'on conçoit que fi on les y
laiffoit toutes, ce branchage ne pourroit les porter, & il deviendroit lui-
même trop pefant pour la tige. Cette
explication doit fervir de méthode
pour tout le temps que l'Arbre fub-
fiftera. En fe conduifant ainfi, fa tête
fera toujours belle ; & quelque étendue qu'elle ait, la cueillette de la
feuille ne fera pas difficile, parce
que les cueilleurs iront d'une branche à une autre avec fureté ; la tige
étant d'abord affez forte pour fupporter la totalité de la tête de l'Ar-

bre, & chacun des branchages ayant été élevé par gradation à ne porter que des branches moins fortes que lui, & ces branchages étant eux-mêmes beaucoup moins forts que la tige, tout croîtra & s'élevera en proportion : les cueilleurs de feuille parcourront tous ces branchages, à la faveur deſquels, comme ſur une échelle, ils atteindront par-tout. Un Jardinier intelligent, qui verroit des Mûriers de tout âge taillés de la ſor-te, concevroit avec facilité ces pro-cédés.

QUESTION XL.

*Lorsqu'un Mûrier devient vieux , &
que la seve se ralentit , convient-il de
l'ébrancher jusqu'au tronc , ou vaut-
il mieux l'arracher pour en planter
un autre ? Ce dernier parti n'est-il
pas le plus sûr ? Car , si l'Arbre
souffre par ses racines trop abondantes & embarrassées les unes dans les
autres , vainement peut-être cherche-
roit-on à les renouveller en coupant
ses branches ?*

Le parti de détruire est aisé , il est
toujours entre nos mains ; mais avant
que de s'y décider , il convient d'é-
puiser tous les moyens de conserver :
il est vrai que lorsque le mal est extrême , l'on emploieroit vainement
toutes les ressources de l'art. L'on
ne rétablira point un vieil Arbre ; le
grand âge, dans toute la nature, annonce le terme de la vie : en ce cas ,
il convient de l'arracher ; il en sera

F f 2

de même d'un Arbre qui aura été
mal soigné, qui fera taré & couvert
de fiftules, par lefquelles il fe fait
fans ceffe des déperditions de feve,
fans que l'on apperçoive les cicatrices
fe fermer & fe recouvrir. Après
avoir examiné pendant quelques faifons le mal, & y avoir donné des
foins fans fuccès, il ne faudra pas
héfiter d'arracher cet Arbre, quoique jeune encore. Mais s'il ne s'agit
que de rétablir un manquement de
vigueur, il faut fecourir l'Arbre par
de fréquens labours, par quelques
terres neuves, quelques fumiers
fecs, comme crottin de mouton,
rognures de cornes & de peaux, &c.
déchauffer ce Mûrier jufqu'aux racines, examiner s'il n'y en a pas quelques-unes qui aient été offenfées par
la charrue lors des labourages, fup-
primer les plus groffes, qui s'étendent horifontalement jufques fur la
fuperficie de la terre, les couper à

deux pieds de la tige , ne femer aucuns grains dans l'efpace de deux
toifes du pied de l'Arbre ; enfin, le
dégarnir fur la tête de quelques branches, & couper toutes les fommités
des autres. Si ces remédes n'opérent
pas une guérifon parfaite , il faudra
couper la tête à cet Arbre à deux à
trois pieds du tronc : cette derniere
opération fera faite à la fin de Février , & dans la même année l'on
eft affuré que l'on rendra la vie à ce
Mûrier , & qu'il deviendra plus beau
dans la fuite.

QUESTION XLI.

Ne peut-on pas enter un vieil Arbre fur
la tête ou fur une branche ; & de
quelle méthode doit-on fe fervir?

La Greffe fert à rendre l'efpece du
Mûrier meilleure , & plus propre à
la nourriture des Vers à foie : elle
peut s'appliquer avec fuccès à un
Mûrier Sauvageon âgé de vingt-cinq

à trente ans. Le seul inconvénient que nous connoissions à cette pratique, est que la Greffe ne s'unissant pas aussi promptement sur un vieux sujet que sur un jeune, il est à craindre que, les cueilleurs de feuilles mettant le pied entre la Greffe & le sujet, la Greffe n'échappe, & qu'ils ne tombent. Cependant un semblable accident n'arrivera pas, si lors des premieres années on a soin de ne cueillir la feuille sur ces Arbres qu'avec une échelle.

Quelques personnes ont prétendu que la Greffe du Mûrier pouvoit se placer sur le chataigner, l'orme, le chêne, &c. Mais en supposant qu'elle viendroit à réussir, on n'en tireroit peut-être pas un grand avantage : car la feuille qu'elle produiroit, au lieu de nourrir les Vers à soie, pourroit bien les faire périr, n'y ayant pas, entre la Greffe & le sujet qui doit la recevoir, une convenance un rapport de nature, qui puiſſe faire eſpérer que la ſeve, paſſant du ſujet dans la Greffe, ſoit propre à la nourrir, ſans en altérer les qualités. Ainſi, ſans vouloir hazarder de multiplier de cette façon le Mûrier d'Italie, il eſt bien plus ſimple & plus aſſuré de greffer ſur le Mûrier Sauvageon, dont l'eſpece n'eſt pas rare, & dont la qualité de la feuille, propre par elle-même à la nourriture des Vers, n'a beſoin que d'être perfectionnée, pour faire porter à cet Arbre des feuilles en plus grande abondance, plus faciles à ramaſſer, & plus convenables aux Vers, après leur ſeconde & troiſieme mues.

L'on réuſſira à greffer un Mûrier Sauvageon, (quelque âge qu'il ait) pourvu qu'il ſoit ſain. A cet effet, on coupera dès le mois de Novembre, ou dans le commencement de Décembre, toutes ſes branches à un pied du tronc. L'année ſuivante il naîtra de ces branches une infinité de jets, sur lesquels l'année d'après l'on posera une ou deux Greffes dans le mois d'Avril : l'on aura ensuite attention de dépouiller ces jets de tout ce qu'ils pousseront en Sauvageons ; parce que sans cela, ils prendroient une nourriture que l'on doit réserver pour les Greffes qui y sont placées : il faudra même ne laisser ces jets Sauvageons que de huit à dix pouces de hauteur avant que de les enter. L'on ne conseille cette multitude de Greffes, que par la crainte que la saison étant contraire, plusieurs ne soient sans succès ; & que d'ailleurs il convient d'avoir à choisir entre plusieurs, pour ne conserver que les branches les mieux disposées à former la tête de l'Arbre. Si l'année est favorable, chacune de ces Greffes aura poussé des jets de six à sept pieds de hauteur ; on se conduira pour lors comme si l'on avoit un jeune Mûrier à former, soit pour la taille, soit pour le temps auquel on doit commencer à ramasser la feuille.

SUR LA MANIERE
d'élever les Mûriers en Arbres nains, en taillis, haies ou palissades.

QUESTION XLII.

Lorsqu'on veut planter un taillis de Mûriers, quelle préparation doit-on donner à la terre?

La nature & l'exposition du terrein sont de la plus grande conséquence pour cette espece de Plantation, qui ne doit être faite que sur un côteau & dans un terrein léger : si l'on choisissoit au contraire un fond bas dont la terre fût grasse, lourde & qui retînt l'eau, les Plantes n'y croîtroient pas moins bien, mais la feuille seroit dangereuse aux Vers à soie. Le Mûrier nain est plus exposé à l'humidité des rosées que le Mûrier à plein vent ; l'air séchera plus promptement les feuilles de ce dernier que celles du Mûrier nain : il convient donc de le placer dans un lieu élevé, où l'air circule avec facilité.

Quant à la préparation à donner à la terre pour une semblable Plantation, il faudra la défoncer à deux pieds, comme l'on feroit si l'on vouloit y planter de la vigne.

QUESTION XLIII.

Faut-il faire un fossé ou ouvrir des trous, & à quelle distance les uns des autres ?

Le terrein ayant été défoncé dans toute son étendue, il suffira, lors de la Plantation, d'ouvrir des fosses de deux pieds en quarré avec la beche, pour y placer les Plantes & arranger leurs racines ; cette fosse aura dix-huit pouces en profondeur. Quant à la disposition qu'il faut donner à cette Plantation, elle sera faite en quinconce, & les Plantes éloignées les unes des autres d'une toise.

QUESTION XLIV.

Quelle hauteur doivent avoir les Plantes? Convient-il qu'elles soient entées, ou doivent-elles être en Sauvageons?

La tige de cette espece de Mûriers ne doit pas avoir au-delà de six pouces de hauteur.

Les Plantes doivent être entées. Nous avons vu plusieurs de ces Plantations en Languedoc, & nous ne savons pas qu'il s'en soit jamais fait en Sauvageons; la raison en est sans doute que le Sauvageon pousse trop lentement, donne moins de feuilles, & qu'après quelques années chacune de ces Plantes ne formeroit qu'un buisson épineux, qui ne donneroit

ni feuilles, ni bois : Deux avantages
que l'on a en vue dans cette maniere de planter.

QUESTION XLV.

Doit-on les travailler aux environs de la
souche, & à quelle distance ?

Ces Plantes étant placées à six
pieds les unes des autres en tout sens,
il seroit difficile de ne travailler
qu'aux environs de la souche, sans
attaquer en général tout le terrein :
il convient donc de donner des labours à la totalité ; ces labours seront
les mêmes que ceux prescrits pour
l'entretien d'une Pépiniere, & toujours à la beche, afin d'empêcher
les racines de s'étendre sur la super-
ficie de la terre.

QUESTION XLVI.

Doit-on les tailler souvent jusqu'à la souche ?

Ces Plantes bien entretenues, seront coupées toutes les trois années à un pouce de la souche ; le bois qu'on en retirera sera considérable, il sera fort & fera de beaux fagots : dans un Pays de vignobles, on y trouvera des échalas de sept à huit pieds de hauteur, dont le bois sera meilleur & de plus de durée que ceux de Saule & de Peuplier.

Le temps, pour couper ce taillis, est au commencement de Mai, & aussi-tôt qu'il aura été défeuillé pour la nourriture des Vers à soie, parce que dans le surplus de cette même année, si la saison est favorable, les souches auront repoussé à plusieurs pieds de hauteur, & les feuilles qu'elles produiront l'année suivante, étant fécondes sur ces mêmes branches,

pourront être données aux Vers à
foie : si au contraire on attendoit de
couper ce taillis dans l'Automne ou
dans le Printemps , les jets pousse-
roient plus haut, mais l'on seroit privé de la cueillette de la feuille pour
l'année qui suivroit.

QUESTION XLVII.

*Ne doit-on pas choisir dans la Pépinie-
re , de préférence pour mettre en taillis , les Arbres qui n'ont pas fait un
beau premier jet?*

Cette économie sera très-bien entendue, & ce sera un moyen de tirer
un bon parti de ces Arbres ; mais
quelqu'un qui auroit un taillis à former , fera bien d'élever lui-même
ces Plantes dans une Pépiniere , où
au lieu de mettre la Pourrette à trois
pieds de distance de l'une à l'autre,
comme nous l'avons dit (en répondant à la treizieme Question) il se
contenteroit pour cet objet de les

placer à douze ou quinze pouces feulement : par ce moyen , il perdroit & cultiveroit moins de terrein , ce qui diminueroit fa dépenfe ; les Plantes n'en fouffriroient pas , parce qu'elles feroient deftinées à ne refter en Pépiniere que deux années.

QUESTION XLVIII.

Faut-il que l'Arbriffeau ait refté plus d'un an enté dans la Pépiniere , pour le planter dans le taillis ?

Les Plantes ayant été entées dans le mois d'Avril , peuvent être portées dans le taillis au mois de Février , ou dans le commencement de Mars de l'année fuivante : fi elles n'ont été entées que dans le mois de Juillet , il fera néceffaire de les laiffer en Pépiniere une année de plus , pour que le jet qui proviendra de la Greffe fe fortifie.

QUESTION XLIX.

Ne pourroit-on pas , pour former un taillis , porter la Pourrette du Semis au taillis en droiture , l'y élever en Sauvageon , & l'enter en place?

L'on ne conseille point une semblable pratique , parce qu'il est plus aisé de donner des soins aux Plantes dans la Pépiniere , où elles occupent peu de terrein , que dans l'étendue du taillis; d'ailleurs, ces Plantes, au sortir du Semis , se défendent mieux les unes près des autres des vents & des sécheresses , qu'elles ne feroient en plein champ. L'on peut même , pendant le temps qu'elles se forment à la Pépiniere , récolter des grains ou légumes dans le champ qu'on leur a destiné.

QUESTION L.

QUESTION L.

De quelle maniere faut-il couper cet Arbrisseau , pour qu'il forme une souche qui fournisse plusieurs branches , & non point un seul jet , qui formeroit un grand Arbre ?

Nous avons dit, ci-devant, qu'il ne falloit pas que la tige de ces Plantes eût plus de six pouces ; elle sera donc coupée à cette hauteur, & sera plantée de maniere que la Greffe se trouve hors de terre à environ deux pouces ; parce que les labours élevant le terrein , cette Greffe se trouvera alors à fleur de terre. Quant à la méthode qu'il faut suivre, pour que cette souche fournisse plusieurs branches, & non point un seul jet, ce sera l'affaire de la nature, qui, ayant placé plusieurs boutons à la tige, les fera pousser tous à la fois. Vous n'aurez d'autre soin qu'à les voir s'élever, sans en détruire au-

G g

cun ; & la fin de l'année vous montrera un buisson où vous n'aviez placé qu'un seul jet.

QUESTION LI.

Peut-on faire des haies en Mûriers ? & cette forme de clôture est-elle assez solide pour défendre l'entrée d'un champ ?

Il seroit fort à desirer que toutes les haies à la Campagne fussent faites en Mûriers ; les chemins en seroient plus agréables , & les récoltes plus en sureté. Cette maniere de clôture devient en peu d'années extrêmement forte : la Plante de Mûrier croît beaucoup mieux que toutes les autres , & se garnit plus vîte. Deux ou trois années suffisent , avec quelques soins , pour former une haie impénétrable à toute espece de bestiaux.

QUESTION LII.

Comment plantez-vous une haie en Mû-
riers ? Quelle grosseur doivent avoir
les Plantes ? Faut-il qu'elles soient
entées ?

L'on ouvrira, sur le bord du champ
qu'on veut enclorre, un fossé de trois
pieds en largeur, sur deux pieds de
profondeur ; l'on placera dans ce
fossé les jeunes plans de Mûriers
que l'on aura sortis du Semis ; on
coupera leurs grosses racines au même niveau des chevelus, & ils seront plantés à un pied & demi de
profondeur : on comblera le fossé
avec la même terre qui en aura été
sortie, & l'on coupera chaque jet à
deux à trois pouces hors de terre.
La grosseur des Plantes est indifférente, il suffit qu'elles soient jeunes
& n'aient pas langui dans le Semis
d'où on les sort ; chaque Plante sera
placée à trois à quatre pouces l'une.

de l'autre. En cet état, il convient
dans les premieres années de les travailler souvent, & de les garantir de
la dent des bestiaux; pour cet effet,
il sera nécessaire d'opposer en dehors
du champ une haie faite en bois
mort, ou un fossé assez large. Quant
à la nature des Plantes, il faut qu'elles soient Sauvageonnes, mais pro-
venues de Pepin de Mûrier enté,
soit de la feuille d'Italie, soit de celle
d'Espagne.

QUESTION LIII.

*Comment élevez-vous cette haie à la
hauteur convenable, pour servir de
clôture ?*

Si les sujets que vous avez plantés
ont été de bonne espece, & si l'Eté
n'a pas été trop sec, dès la premiere
année ils acquerront deux pieds en
hauteur : vous n'en laisserez subsister
qu'un pied, en les taillant au mois
de Février ; dans la seconde année

les Plantes pousseront à trois pieds
au-dessus : vous en couperez encore
deux, afin que la haie se fortifie par
le bas ; & continuant ainsi d'année
en année à laisser croître les Plantes,
& à les tailler d'une partie de ce
qu'elles auront poussé, vous aurez
une clôture des plus fermes en peu
de temps.

QUESTION LIV.

Cette haie ainsi élevée, doit-on tou-
jours la garantir de la dent des
bestiaux ?

Lorsque la haie aura acquis six à
sept années, non-seulement les bestiaux n'endommageront pas la clôture, mais ils la rendront plus forte :
car en l'attaquant, ils rompront les
jeunes jets, ce qui les fera croître en
buissons si épineux, qu'ils n'oseront
plus en approcher.

QUESTION LV.

La feuille de ces haies convient-elle aux Vers à soie ?

Cette feuille est tellement propre à la nourriture & à la bonne conduite des Vers à soie, que si l'on n'a pas des champs à fermer par de telles haies, il faut en placer par-tout ailleurs. Cette feuille est la premiere à éclorre ; elle est tendre, a peu de suc, & par ces raisons, absolument nécessaire à la nourriture des Vers à soie dans leur premier âge : elle économise d'ailleurs celle des Mûriers greffés, qui dans le commencement de la saison n'en fourniroient que très-peu, leurs feuilles n'ayant pas acquis sa grandeur & même sa qualité. Mais pour parvenir à faire porter à ces haies beaucoup de feuilles, il faut avoir soin de tailler tous les jets qu'elles auront poussé l'année précédente, & sur lesquels vous aurez ra-

maſſé au Printemps la feuille. Nous
ne devons pas cependant négliger
d'obſerver qu'en uſant ainſi de cette
petite feuille, il ne faut pas que cela
engage à ne cueillir que ſur la fin
de la ſaiſon la feuille des Arbres;
car ces derniers en ſouffriroient, &
l'année ſuivante donneroient moitié
moins de feuilles, par la raiſon qu'ils
n'auroient pu pouſſer de nouveaux
jets dans la ſeconde ſeve de l'Eté. Il
convient donc dès les premiers jours
de Mai d'abandonner la cueillette ſur
les haies.

QUESTION LVI.

*Comment élevez-vous des paliſſades en
Mûriers?*

Le Mûrier prend toutes les formes
qu'un Jardinier inſtruit veut lui donner; ainſi, l'on éleve ces Plantes,
comme la charmille, en berceau, en
paliſſade, en boſquet, &c. L'on y
ramaſſe la feuille dès le mois d'Avril;

& à la fin de Mai une seconde feuille
vient regarnir tous ces ornemens ou
décorations, en sorte que l'on n'est
privé que pendant fort peu de temps
de leur verdure. Pour former ces palissades, l'on se sert de la Pourrette
au sortir du Semis, & l'on la plante,
comme nous avons dit pour les haies ;
l'on appuie & l'on soutient les jets
de chaque année par des piquets &
des traverses en bois. Tous les Jardiniers sont capables de ces soins,
qui sont les mêmes à donner que
ceux pour la charmille ordinaire.

QUESTION LVII.

*A quel âge peut-on espérer de tirer un
produit des Mûriers plantés à demeure, de ceux en Arbres nains, en
haies ou palissades ? Et quels seront
à peu-près ces produits ?*

Vous pensez, Monsieur, avec raison, qu'il ne suffira pas aux gens de
votre Campagne d'être instruits sur

la Culture du Mûrier ; vous me demandez encore de leur en faire connoître le revenu, afin que calculant eux-mêmes ce produit, & l'oppofant aux frais de plantation & d'entretien, ils foient en état de fe décider fur leur plus grand avantage.

Si, pour établir ce produit, nous jettons les yeux fur les Mûriers plantés dans cette Province il y a quinze, vingt, trente & quarante années, quel découragement pour cette Culture ! Nous en voyons beaucoup de tous ces âges, dont on dédaigne de ramaffer le peu de feuilles qu'ils produifent, & d'autres dont les Propriétaires retirent à peine 8 ou 10 fols par année, ce qui ne les dédommage pas de la perte du terrein que ces Arbres occupent, & du préjudice que leurs racines & leur ombrage caufent aux Plantes qui les avoifinent.

Si nous confultons les Auteurs qui

ont écrit sur la Culture des Mûriers, nous les trouvons tous réunis pour ne nous promettre qu'une foible jouissance, qui ne commencera qu'après dix ou douze années de travaux & de dépenses.

Je vous présente ce tableau tel que je l'ai vu moi-même, il y a quinze à vingt années : n'en soyez point effrayé. J'espere, en ramenant tout à des principes certains, vous démontrer qu'il peut être vrai que le produit des Mûriers ne soit pas plus considérable pour le Propriétaire que je viens de l'avancer, sans cependant qu'on puisse rien en conclure de contraire aux avantages de sa Culture, & aux bénéfices que j'établirai.

Le principal produit du Mûrier est dans sa feuille ; cette feuille est la seule nourriture propre aux Vers à soie : cet Arbre leur est si particuliérement consacré, qu'aucun autre Insecte ne le partage avec eux.

Celui qui veut élever des Vers à foie a donc befoin de cette feuille : s'il eft Propriétaire de ces Arbres, ils lui rendront davantage en confommant chez lui la feuille, que s'il les loue : la raifon en eft fenfible ; il eft jufte qu'il foit payé des foins qu'il donnera lui-même aux Vers qu'il élevera. Si ces Arbres ne lui appartiennent pas, il eft obligé de les louer ; cette premiere différence de produit, ne conclut rien contre le plus ou le moins de valeur de l'Arbre, parce que ce produit eft dans cette hypothefe fubordonné à la forme de l'exploitation : ainfi donc un Mûrier que vous louerez 5 fols, n'en vaudra pas moins 9 ou 10. Le facrifice que vous faites de ce furplus, eft compenfé par les foins & les embarras que vous voulez éviter, & par l'incertitude de la récolte à laquelle vous n'avez pas voulu être expofé. Cependant comme cette forme de régie eft la plus commode & la plus ufitée, examinons, fous ce dernier point de vue, le produit du Mûrier, en louant cet Arbre pour fa feuille.

Le nourricier de Vers à foie, auquel vous louez vos Mûriers, examine, avant de faire prix avec vous, deux chofes; la premiere, fi l'Arbre eft fourni de beaucoup de feuilles; la feconde, ce que la cueillette de cette feuille pourra lui coûter de temps ou d'argent.

Vous voyez donc d'abord, Monfieur, que l'âge de votre Arbre, la groffeur de fon pied, font des objets indifférens: il ne s'agit que de mettre un prix en proportion de la quantité de feuilles dont il eft couvert, & du plus ou moins de facilité que l'on aura pour la ramaffer.

Si cet Arbre (n'importe à quel âge) eft affez chargé de feuilles pour qu'on en eftime la quantité, je fuppofe à 50 livres pefant; que cet Arbre ait été élevé avec foin; que fa feuille foit d'une bonne qualité; qu'elle foit nourriffante fans être grof- fiere & vifqueufe, ce qui dépendra de la nature & de l'expofition du terrein; que cet Arbre ait été bien taillé, ce qui rendra la cueillette de la feuille fort aifée; ce nourricier ne craindra pas de vous offrir 30 fols des feuilles de cet Arbre, parce qu'il fait que cette feuille n'eft pas chere à 3 livres ou 3 livres 10 fols le quintal, & qu'il voit qu'on peut la ramaffer en une heure de temps.

Si au contraire vous ne préfentez à cet homme (ainfi qu'on l'a fait jufqu'à préfent) qu'un Arbre chargé d'une petite feuille, peu nourriffan- te, dont il fera obligé de faire une double confommation, fans que fes Vers en foient mieux nourris : s'il eftime ne trouver fur cet Arbre que dix livres pefant de cette feuille; s'il voit que, faute de foins, d'entretien,

H h 3

& d'avoir été taillé, fa tête ne forme
que plufieurs buiffons épars & comme épineux ; s'il ne peut avoir cette
feuille fans fe bleffer les mains, &
même fans danger pour fa vie, at-
tendu que les branchages auront filé
trop haut, fans avoir fourni des branches affez fortes pour le conduire par-
tout ; alors cet homme, en vous of-
frant 4 à 5 fols de la feuille de cet Arbre, la payera fa valeur, & même
au-delà, en proportion de l'exemple
que nous avons donné d'un Arbre de
belle efpece & bien entretenu ; parce
que les frais de cueillette des feuilles
font toujours à la charge du Propriétaire de l'Arbre, par la confi-
dération qu'en fait celui qui le loue.
Voulez-vous en être plus particuliérement convaincu, fuppofons que
dans ce Pays, comme dans quelques
Villes du Languedoc, la feuille du
Mûrier fe portaffe au marché public, ainfi que les grains & légumes,

cette feuille s'y vend pour l'ordinaire 3 liv. ou 3 liv. 10 fols le quintal :
fi fur deux Arbres vous récoltez un
quintal de feuilles , vous retirerez
3 liv. ou 3 liv. 10 f. furquoi , dédui-
fant 10 fols pour les frais de cueillette , il vous reftera 50 fols ou 3 liv. ce
qui établit le produit de chacun de
ces Arbres à 25 ou 30 fols. Si au contraire vous êtes obligé , pour former
ce même quintal de feuilles , de dépouiller dix Arbres Sauvageons , au
lieu de deux de celui d'Italie , d'abord
vous ne trouverez que 40 fols du
quintal de cette petite feuille , fur
quoi , diminuant pour les frais de
cueillette , 20 fols , il ne vous reftera
qu'autres 20 fols; ce qui n'établit le
produit qu'à 2 f. pour chaque pied
de ces Arbres.

Il eft donc démontré , comme on
ne fauroit le faire trop entendre , que
le revenu du Mûrier , pour le Propriétaire , eft en raison de l'abon-

dance de feuilles dont il se couvre, & de la facilité pour les cueillir ; que cette cueillette est toujours faite à ses frais, soit qu'il loue son Arbre, ou qu'il fasse vendre ses feuilles au marché public ; parce que dans le premier cas, le nourricier des Vers à soie les retient sur le prix qu'il propose de cet Arbre, & que dans le second, le Propriétaire les paie directement lui-même. Il doit donc ne s'attacher qu'à cultiver l'espece de Mûrier qui lui donnera le plus de feuille, avec le moins de dépense pour la ramasser.

Après ces réflexions, est-il étonnant, Monsieur, que la Culture du Mûrier ait fait si peu de progrès dans cette Province, depuis plus de cinquante années, & que l'on ait entretenu à grands frais, & sans succès, des Pépinieres ? Doit-on être surpris encore d'entendre dire à une infinité de gens, ayant fait anciennement des Plantations de Mûriers, qu'ils les ont fait arracher, parce qu'ils ne leur donnoient aucuns revenus? Ces Arbres Sauvageons pouvoient-ils leur en donner? D'une part, ils n'avoient que très-peu de feuilles, & d'un autre côté, ce produit restoit nul par les frais pour les cueillir.

Quant à l'éloignement de jouissance, porté à dix ou douze années de Plantation, par différens Auteurs qui ont écrit sur les Mûriers, il faut observer que la plûpart n'ont parlé que du Mûrier Sauvageon, & que les autres ayant connu le Mûrier Greffé, plus par théorie que par pratique, n'en ont éloigné les premiers produits, que parce qu'ils n'ont pas assez réfléchi sur la nécessité de le dépouiller de bonne heure de ses feuilles.

J'observerai, à l'égard du Mûrier Sauvageon, qu'il pousse beaucoup plus lentement que le Mûrier greffé;

par cette raison, il faut bien des années avant qu'il ait produit des branches propres à lui former la tête, &
que sur ces branches il s'en soit for-
tifié d'autres qui puissent donner assez de feuilles, pour mériter de parler de son produit, puisqu'à peine
lui en accorderai-je un à l'âge de
trente ans, en supposant encore
qu'il aura été bien entretenu. Voici
mes raisons : Cet Arbre ne pousse que
des jets très-courts ; il faut, pour en
avoir la feuille, les arracher l'une
après l'autre : car, si vous voulez
couler la main sur le jet auquel elles
tiennent, & la serrer assez pour les
avoir, le jet vient avec elles, & vous
perdez votre Arbre : ainsi, les dépenses pour avoir la feuille, le tort fait à
l'Arbre, & celui qu'il cause dans
le terrein qu'il occupe, tout absor-
be le produit. Cette feuille est d'ailleurs peu nourrissante pour les Vers
sortis de leur troisieme & quatrieme

mues ; vous êtes obligé de leur en
donner plus souvent : il y a plus,
vous leur renouvellez dans cet âge
cette nourriture, avec le chagrin de
voir qu'ils n'ont pas mangé celle
que vous leur aviez donnée le moment auparavant ; la grosseur dont
ils sont pour lors, leur a fait flétrir
par leur pesanteur cette feuille avant
que de s'en nourrir : cette feuille,
qu'ils n'ont pas consommée, augmente leur litiere ; elle s'échauffe par-
là plus aisément, & leur cause des
maladies dont ils périssent : ces inconvéniens ne sont pas à craindre dans
la naissance des Vers, jusqu'à leur
deuxieme & troisieme mues ; cette
nature de feuilles leur convient alors
aussi parfaitement, qu'il est dangereux & dispendieux de leur en donner plus tard. Mais pour avoir cette
feuille avec abondance & économie,
il faut la prendre, comme je l'ai dit
ci-devant, sur des haies que vous

formerez pour servir de clôture à vos champs.

Jusqu'à préſent, Monſieur, je n'ai établi le produit du Mûrier que ſur des raiſonnemens & des calculs, qui, quoique très-ſolides, à ce que je penſe, ont encore beſoin d'une démonſtration pratique, qui achevera de vous convaincre qu'on ne peut s'occuper plus eſſentiellement pour le bien de cette Province, qu'en y encourageant la Culture du Mûrier Roſe ou d'Italie. Je vais donc vous préſenter des faits, en vous parlant de mes Plantations : ce que j'ai fait eſt entre les mains de tous ceux qui voudront le faire.

Mes Plantations de Mûriers à demeure ont été commencées en 1754 au mois de Février.

Ces Arbres, plantés en 1754, ne donnerent aucun produit cette premiere année, non-plus qu'en 1755 & en 1756 ; ces trois années furent

employées à laisser fortifier la tige &
à leur former la tête. Mais au Printemps de 1757 on commença à en
ramasser la feuille : j'avois, dans le
même-temps fait des haies & formé
des palissades en Mûriers sauvageons, dont j'employai la feuille en
1757. Je ne calculai point alors, par
la quantité de feuilles que j'obtins
de ces Arbres, de ces haies & palissades, quel étoit à peu-près le produit que j'en retirois au commencement de cette quatrieme année ;
mais ayant eu depuis d'autres Mûriers à faire dépouiller au même âge,
je me suis assuré, en supposant le
quintal de feuilles à 3 liv. que chaque pied à la quatrieme année com-
mençoit à donner 18 deniers de revenu.

A la cinquieme année, je veux dire au Printemps de 1758, mes Arbres
furent loués 4 sols le pied.

Au Printemps 1759, j'en retirai

8 fols de chaque pied en les louant.

Au Printemps 1760 , j'employai une partie de cette feuille chez moi, une autre partie fut louée : ce que j'employai chez moi, déduction faite des frais de cueillette , me procura , chaque pied de Mûriers, à raison de 20 fols ; ceux que je louai ne m'en rendirent que 12, 13 & 14.

Au Printemps 1761 , j'en ufai de même, partie de mes Arbres furent loués 20 & 22 fols ; le produit de ceux dont je confommai la feuille , fut d'environ 30 fols.

Au Printemps 1762 , j'élevai des Vers à foie chez moi; j'en élevai à moitié produit avec des voifins, c'eft-à-dire, que je leur fournis la feuille, & partageai la récolte des Cocons ; j'en louai auffi plufieurs pieds à 30 , 35 & 40 fols; d'autres refterent fans être dépouillés , & j'en profitai pour en ramaffer le fruit, & avoir des Pepins : enfin, réuniffant tous ces produits, pour en compofer un commun, je trouvai que chaque pied de Mûrier, à la derniere récolte, m'avoit donné environ quarante fols de revenu. Telles font, Monfieur, les différentes gradations de produits que j'ai retirés de mes Mûriers dans les huit premieres années de leur Plantation.

Ces produits ne font dus qu'à l'efpece du Mûrier Rofe ou d'Italie, à fon entretien & aux bonnes Cultures dont je vous ai détaillé les pratiques: tous ces objets font intimement liés. Sans Culture & fans foins, vous n'obtiendrez qu'une foible jouiffance; fans le choix de la bonne efpece de Mûriers, outre que les dépenfes de Plantation, Culture & entretien feront égales, cet Arbre ne produira pas de quoi dédommager du tort qu'il caufera aux autres productions fur le champ où il fera placé. Banniffez donc abfolument tous

Mûriers Sauvageons. Mais comme la feuille de ce dernier est convenable & même nécessaire aux Vers à soie dans leur premier âge, formez-en des haies au sortir du Semis, en choisissant la semence sur le Mûrier d'Italie ou d'Espagne; cette feuille sur les haies est plus printaniere, plus abondante, & plus facile à cueillir: ainsi votre récolte en Cocons sera plus hâtive; elle sera plus avantageuse par le produit & par la diminution des dépenses. Quant à la qualité des Cocons & des Soies, relativement à notre climat & à l'espece du Mûrier Rose, voyez le détail des Expériences que j'ai faites, & dont j'ai rendu compte à la Société d'Agriculture de Lyon, dans un Mémoire imprimé en 1761.

Je ne dois pas négliger de vous parler encore d'un autre avantage que vous retirerez du Mûrier Rose ou d'Italie, c'est celui de sa seconde feuille,

feuille , pour la nourriture des beſtiaux de vos Domaines. Cette ſeconde feuille ne veut point être
cueillie ſur l'Arbre , il y auroit du
danger à l'en dépouiller ; il faut
attendre les premieres gelées & les
premiers brouillards de l'Automne ,
alors elle tombe d'elle-même , quelquefois dans une ſeule journée , ſuivant l'expoſition de la Plantation.
Pour accélérer la dépouille de cet
Arbre , l'on peut y aider , en ſecouant
légérement ſes branches ; on occupe
des femmes & des enfans à la ramaſſer , & on la laiſſe dans le champ
ſe ſécher un ou deux jours ; après
quoi , on peut la conduire dans le
Domaine , & mêlant cette feuille
auſſi-tôt avec de la paille de froment
ou de ſeigle , elle ſe ſoutient , ne
s'échauffe point , & procure aux
bœufs & aux vaches une nourriture
très-ſaine , & qui eſt fort à leur goût.
Je n'ai point négligé chez moi cet

objet d'économie, qui m'a tenu lieu des seconds soins dont on a été privé dans les deux dernieres années ; mes bestiaux en ont été nourris pendant les Hivers, & les vaches n'ont point cessé de donner beaucoup de lait.

Un autre produit, est celui que vous retirerez de la taille de vos Arbres ; mille pieds de Mûriers, à l'âge de dix-huit à vingt ans, fourniront, par le bois nécessaire à leur ôter chaque année, tout celui qu'un fort ménage pourra consommer pour son chauffage & sa cuisine.

Le bois de Mûrier est très-propre au surplus à la menuiserie, au charronage, &c. En Languedoc & en Provence, il s'emploie pour les futailles de vin & d'huile. L'on ne doit cependant pas dissimuler que celui du Mûrier Sauvageon ne soit, pour ces derniers usages, plus convenable.

Quant au produit des haies ou
palissades de Mûriers, il me seroit
assez difficile de l'apprécier; l'on n'est
point en usage de louer ces sortes de
parties; cependant, comme je l'ai
observé, il ne faut pas que par économie l'on veuille consommer toute
cette petite feuille, pour n'attaquer
celle des Arbres que sur l'arriere saison du Printemps; nous répétons
que ces Arbres en souffriroient, &
n'automneroient pas, ce qui vous
priveroit de beaucoup de feuilles l'année d'après: il convient donc que dès
les premiers jours de Mai vous cessiez
la cueillette des feuilles sur les haies.
C'est dans une circonstance pareille,
qu'une femme de mon village, qui
élevoit des Vers à soie, & qui n'avoit
que des enfans en bas âge pour ramasser la feuille, me proposa de lui
louer le surplus d'une haie dont je
ne faisois plus usage. Je consentis
d'autant plus volontiers à ce qu'elle

me demandoit , que j'entrevoyois que, ne vendant pas cette feuille, elle me seroit volée ; mais je fus embarrassé sur ce que je devois lui en demander : je lui proposai de m'en donner 3 liv. par quarante pieds de longueur ; elle y consentit, & n'y perdit pas. Je fis avec cette femme le même marché l'année suivante : cette haie avoit environ trois à quatre pieds de hauteur pour lors , & cinq à six années de Plantation. Voilà, Monsieur, de quoi vous régler à peu-près sur le produit des haies ou palissades ; ce produit est comme celui des Arbres en proportion de la quantité de feuilles, & plus encore de la difficulté du temps à employer pour la ramasser.

Par ces mêmes raisons, le produit des Arbres nains sera considérable. Ces Arbres, plantés à demi-pied seulement de tige, & étant greffés, rassemblent tous les avantages que l'on doit efpérer du Mûrier. Une feuille abondante eft facile à cueillir, auffi en ai-je loué, dès la feconde année de leur Plantation, 4 fols par chaque pied. Vous avez oui parler, Monfieur, de femblables Plantations faites à Aubenas, où un feul Particulier a fu, dit-on, fe procurer trois mille livres de rentes fur un champ en Mûriers nains, qui, fix années auparavant, ne lui rapportoit pas deux cens livres. Que ne peut point l'induftrie, aidée par de bonnes pratiques!

Je m'arrête, Monfieur, où finiffent les Queftions que vous m'avez fait l'honneur de me propofer. Je defire que vous foyez fatisfait de mes Réponfes: j'aurois pu les étendre davantage; mais elles auroient préfenté plus d'étude que de pratique; & j'ai penfé que votre feul objet étant d'inftruire les gens de votre Campagne, ils n'avoient befoin que de pré-

ceptes simples. Si cependant ils ne
leur suffisent pas, ou que vous trou-
viez que je ne me sois pas assez expliqué, je vous prie de continuer à
me faire part de vos doutes; vous
me trouverez toujours très-empressé
à concourir avec vous au succès de
vos Plantations.

J'ai l'honneur d'être, avec un très-
respectueux attachement,

MONSIEUR,

Votre très-humble & très-
obéissant Serviteur.

OBSERVATIONS

*Sur la Culture des Mûriers &
l'Education des Vers à foie.*

LA Culture du Mûrier eft un autre
objet d'induftrie, qui n'exige qu'une
très-foible dépenfe : il eft peu d'habitans à la Campagne qui ne puiffent
en placer douze ou quinze près de
leur maifon, dans leur cour, dans
leur jardin. Si l'on peut exciter cette
induftrie, cet objet feul, dans dix années, paieroit les impofitions du Village, procureroit la plus grande ai-
fance aux Cultivateurs, occuperoit
les femmes & les enfans, & affure-
roit au Royaume une matiere premiere, fi néceffaire à fes Manufac-
tures ; mais les préjugés contre cette
Culture fe font toujours oppofés à
ees progrès. L'expérience que nous
fîmes en l'année 1761, d'élever des

Vers à soie en plein air, convaincra,
par le succès qu'elle a eu, que quelques soins que cet insecte demande
ordinairement, ils ne sont pas aussi
grands que l'on doive s'en effrayer ;
puisque sans soins, & même sans
abri, on obtient une récolte. Nous
rendrons compte aussi des observations que nous ayons faites sur la nature & le produit des Cocons dans
cette Province, comparés à ceux du
Languedoc & du Comtat.

M. Pluche, Auteur de l'Ouvrage
qui a pour titre : *Spectacle de la Nature*, tom. I. page 66 & suivantes,
rapporte « qu'ayant fait mettre un
» nombre de Vers à soie sur des Mû-
» riers placés sous les fenêtres de son
» cabinet, ils y réussirent très-bien,
» sans qu'il s'en mêlât le moins du
» monde ; que l'on suit cette pratique
» à la Chine, au Tunquin & dans
» d'autres Pays chauds ; que ces che-
» nilles, devenues papillons, choi-
sissent

» fiſſent ſur le Mûrier un endroit pro-
» pre pour y poſer leurs œufs, qu'ils
» les y attachent avec cette glu dont
» ils ſont pourvus ; que les œufs paſ-
» ſent ainſi l'Automne & l'Hiver ſans
» danger, & que la maniere dont ils
» y ſont colés, les met à couvert
» d'une gelée, qui quelquefois n'é-
» pargne pas les Mûriers mêmes. Le
» petit animal, confié ainſi aux ſoins
» d'une Providence tendre & affec-
» tionnée, ne ſort point de ſon œuf
» qu'il n'ait été pourvu à ſa ſubſiſtan-
» ce, & que les feuilles ne commen-
» cent à ſortir de leurs boutons. Les
» feuilles venues, les vermiſſeaux
» percent leurs coques, & ſe répan-
» dant ſur la verdure, groſſiſſent
» peu-à-peu, & poſent, au bout
» de quelques mois ſur le même Ar-
» bre, de petits paquets de fils de
» ſoie, qui paroiſſent comme des
» pommes d'or au milieu du beau
» verd qui les releve. Cette façon de

K k

» les nourrir est la plus sûre pour la
» santé, & celle qui coûte le moins.
» de dépense. Mais, ajoute M. Plu-
» che , l'air inégal de nos climats.
» rend cette méthode sujette à bien
» des inconvéniens qui sont sans re-
» méde. Il est vrai , continue-t-il à
» dire, qu'avec des filets ou autre-
» ment, on peut préserver les Vers
» des insultes des oiseaux ; mais les
» grands froids, qui surviennent sou-
» vent tout d'un coup après les pre-
» mieres chaleurs , les pluies , les
» grands vents , enlevent & perdent
» tout ». C'est pourquoi, il conseille
de continuer à prendre le parti de
les élever dans des chambres.

C'est sur ce rapport , que nous
avons cru fidele , que , sans trop
nous arrêter aux inconvéniens de
cette pratique, nous avons essayé de
la suivre. On ne peut trop , dans
toute espece de récolte , chercher à
en abréger les travaux & diminuer

la dépenſe, pourvu que cette économie ne porte pas juſqu'à en diminuer les produits.

Au 15 Avril 1761, les Vers à ſoie
étant ſortis de leur premiere mue,
nous en fîmes répandre environ &
au plus 1200 ſur des paliſſades de
Mûriers taillés à hauteur d'appui,
qui ſéparent le parterre de la mai-
ſon du reſte de l'enclos. Ils y ont été
expoſés à toute l'intempérie de la ſaiſon, qui, ayant été très-froide dans
les commencemens & fort orageuſe
dans la ſuite, ne nous laiſſoit que
bien peu d'eſpérance de les voir
réuſſir. Nous les viſitions pluſieurs
fois dans le jour, & particulierement
dans les temps d'orages & de pluies.
Nous n'avons point apperçu qu'ils
cherchaſſent à s'en garantir, en ſe
plaçant au dedans de la paliſſade &
ſous quelques feuilles. Ils eſſuyoient
ces mauvais momens dans la même

place où ils en avoient été surpris, restans sans mouvement. L'orage passé, ils se remuoient avec beaucoup d'agitation, & dévoroient la feuille, quoique mouillée.

Le froid, la chaleur, l'humidité & le tonnerre n'ont pas paru faire sur eux l'impression que l'on auroit craint. Aucuns n'ont été attaqués de ces maladies dont nous cherchons avec tant de soin & de dépense à les garantir. Aucuns ne sont devenus ce que l'on appelle Vers *gras*, Vers *maigres*, autrement *passis* ou *arpettes*, Vers *jaunes*, Vers *muscadins*, &c. Je les ai toujours vus au contraire de la plus grande blancheur. Cependant le temps de leur mue a été retardé, & plus long qu'il n'est ordinairement dans les chambrées ; mais toutefois sans accidens, relativement à la pratique que nous suivions, sur laquelle voici les inconvéniens que nous avons éprouvés.

Une majeure partie est périe faute de nourriture, ou plutôt pour n'avoir pas eu l'instinct de quitter la place où ils n'avoient plus à manger, pour en chercher, en s'étendant au long de la palissade.

Beaucoup aussi ont péri par les orages & coups de grêle qui les ont abattus sous la palissade, & sur laquelle ils n'ont pas eu assez de courage pour remonter. Cet inconvénient nous paroît le plus difficile à remédier ; les soins entraîneroient trop de détails, & peut-être seroient-ils superflus, parce qu'il y a lieu de croire que jettés ainsi à terre, ils en étoient blessés.

Quant à la nécessité de les transporter d'un lieu où ils n'ont plus de feuilles sur un autre où ils en trouveront, il ne s'agit que d'une très-légere attention, dont l'exécution seroit prompte & peut être confiée à un enfant. D'ailleurs, elle ne seroit pas répétée deux ou trois fois dans le courant de leur vie. Nous fîmes la même expérience en 1762 : nous en parlerons bientôt. Mais dans celle dont nous rendons compte aujourd'hui, nous leur avons été impitoyables, autrement nous n'aurions pu à la récolte distinguer ce qui auroit appartenu à nos soins, avec ce que nous attendions de la nature.

Quant aux oiseaux, nous n'avons pas apperçu qu'ils aient occasionné une grande diminution à la récolte. Cependant l'endroit où ils étoient exposés étoit voisin des toîts de la maison sur lesquels pullulent les moineaux.

Enfin, en réunissant tous les différens objets de perte, nous avons trouvé qu'ils pouvoient être calculés au plus aux deux tiers.

RÉSULTAT.

Nombre de Vers mis
après leur premiere mue
fur les paliſſades, ... 1200.
Récoltés 450 Cocons
tous petits, fermes &
bien tiſſus, ci . . . . . 450.
____

Perte, ... 750.

Ces 450 Cocons ont peſé au poids
de Lyon, qui eſt de 14 onces égales
à celles de marc, 2 livres & demie,
& ont donné à la filature 3 onces
4 deniers, de la plus belle ſoie qui
ait jamais été recueillie en France.

Nous ne devons pas négliger d'obſerver que dans le nombre de 450
Cocons, nous n'en avons trouvé
qu'un ſeul ſatiné, & aucun de double; ainſi, ils n'ont fait au tour & à
la baſſine aucun déchet.

Il réſulte de cette expérience;
1°. que nous avons perdu les deux
tiers de nos Vers; que cette perte,

qui peut paroître bien confidérable à quelqu'un qui n'eft pas en ufage d'élever des Vers à foie, n'eft cependant que trop ordinaire & même toujours infiniment plus forte dans les chambrées; puifque fi ces derniers réuffiffoient tous, comme nous voulons le fuppofer pour ceux élevés en plein air, y en ayant dans l'once que l'on fait éclorre 42 mille, il faudroit que chaque once de graines de Vers à foie produisît 240 à 250 livres de Cocons; cependant, foit en Provence, foit en Languedoc, Comtat & Dauphiné, l'on eftime la récolte très-bonne, lorfqu'elle en donne 50 livres, ce qui établit une perte des quatre cinquiemes.

2°. Que les Vers à foie qui ont péri, ont été perdus par accidens, & non par maladies; ce qui pourroit faire efpérer que dans une année moins orageufe l'on réuffiroit mieux, fur-tout avec l'attention de n'en

point laisser mourir faute de nourriture.

3°. Que cette récolte, pour le
moins équivalente à une des meilleures qui se soit jamais faite dans les
chambrées, n'a exigé aucuns soins,
aucun travail, aucunes dépenses;
qu'elle est une preuve non équivo-
que de la bonté de notre climat pour
ce genre de culture & d'industrie;
& enfin, une certitude que l'on peut
élever des Vers à soie, (au moins
dans des chambrées) par-tout où l'on
peut cultiver avec quelques succès le
Mûrier.

Cette expérience en 1762 n'a eu
aucun succès; ce qui n'a pu être at-
tribué à la saison, mais à une très-
grande quantité de lésards, que les
chaleurs & le sec de l'année avoient
fait jetter dans les palissades de Mûriers où étoient les Vers à soie; cette
pâture les y entretint, sans qu'il fut
possible de les en sortir, ensorte que

ces Vers y furent dévorés avant le temps où ils auroient formé leurs Cocons. Cet accident, auquel on ne sauroit parer, réduit tout le bénéfice de cette tentative au seul but que l'on avoit eu en vue en 1761, c'est-à-dire, à éprouver que les Vers à soie pourront être élevés avec avantage dans le Lyonnois, puisqu'ils ont réussi même en plein air.

Il y a peu d'années que l'on est persuadé dans cette Province que l'on peut y cultiver avec succès cet Arbre. Cette persuasion n'est pas même encore générale ; ensorte que, quoiqu'il y réussisse très-bien, il n'est point aussi abondant qu'il seroit à desirer qu'il le fût. Ce qui en a arrêté les progrès, c'est que l'on n'y connoissoit pas la meilleure espece de Mûrier ; l'on ne s'étoit attaché qu'au Mûrier Sauvageon & à quelques Mûriers à la grande Feuille. Le premier se coëffe mal ; il vient en buisson ;

ſa feuille eſt dentelée, petite, nourriſſante & diſpendieuſe à ramaſſer :
la feuille du ſecond eſt trop dure, &
les Vers à ſoie la rebutent ; enſorte
que, d'une part, l'on n'avoit que des
Arbres d'une mauvaiſe forme, qui
donnoient peu de revenus ; & d'autre part, des Arbres dont on ne
pouvoit faire uſage avec avantage
pour la nourriture des Vers.

Le temps, qui amene tout, a fait
connoître le Mûrier Roſe. Cet Arbre
eſt enté d'une feuille que l'on nomme d'Italie, beaucoup plus grande
que celle du Mûrier Franc & Sauvageon, mais beaucoup moins que celle d'Eſpagne, connue ſous le nom
de la grande feuille : celle du Mûrier
d'Italie eſt auſſi tendre que celle du
Mûrier franc ; elle eſt extrêmement
aiſée à ramaſſer, parce que la Greffe,
comme l'on ſait, perfectionnant la
feve, fait pouſſer à cet Arbre des
branches longues & droites, qui ne

se buissonnent jamais ; de maniere que l'on aura plutôt ramassé dix sacs de feuille de cette espece, que l'on ne pourroit, dans un même-temps, en ramasser un seul sur le Mûrier Sauvageon. Cette feuille est aussi plus nourrissante que celle du Mûrier Franc. L'usage que j'en fais m'ayant fait connoître que dans les jours où les Vers demandent le plus de nourriture, il suffit, dans l'espace de vingt-quatre heures, de leur en donner trois à quatre fois, tandis qu'il est d'usage de donner six fois de la feuille du Mûrier Sauvageon dans le même espace de temps. Cette espece de Mûriers nous est parvenue du Piémont : nos Provinces Méridionales ont été les premieres qui en ont joui, & qui nous l'ont fait passer.

C'est à des relations que j'avois dans le Bas-Dauphiné, la Provence & le Languedoc, que je dois la connoissance de cette espece de Mûriers.

Un séjour que j'ai fait depuis dans ces Provinces, m'en a confirmé tous les avantages, & m'a convaincu que l'on n'y cultive aucun autre Mûrier. Les Pépinieres que je commençai à en former en 1754, en ont déjà procuré plus de douze mille pieds dans la Province, sans y comprendre toutes les Greffes que j'ai remises pour enter des Mûriers Sauvageons, à quoi mes Jardiniers se sont occupés chez tous ceux qui l'ont souhaité.

Comme il s'agissoit de convaincre le Public que cette espece de Mûriers étoit non-seulement la meilleure, mais la seule à laquelle il dût s'attacher, Monsieur le Contrôleur général, pour lors Intendant de Lyon, fit publier en 1755 une Instruction, à laquelle il voulut bien que j'eusse quelque part. Cette Instruction a eu du succès. C'est aussi pour l'entretenir, que nous allons rendre compte de quelques opérations bien capables d'augmenter la confiance, & sur-tout de faire connoître avec quel avantage la Culture des Mûriers se fera dans cette Province.

Les meilleures pratiques souffrent des contradictions ; aussi quelques personnes, en admettant que l'espece de Mûriers, dont nous venons de parler, est d'un meilleur produit pour les Propriétaires, & confondant cette espece avec celle du Mûrier à la grande Feuille, prétendent que les Vers nourris par sa feuille, ne donnent pas une soie d'aussi belle qualité que celle que l'on retire du Mûrier Sauvageon. En vain oppose-t-onl'exemple du Piémont, du Comtat, du Languedoc & du Bas-Dauphiné, le préjugé ne veut rien approfondir de ce qui lui est contraire; la question demeure dans cet état d'incertitude, sans que la contradiction l'ait éclaircie. D'autres personnes, quoique convaincues que le climat de cette Province eſt propre aux Vers à ſoie, ne peuvent ſe perſuader que nous puiſſions nous attacher à cet objet avec autant d'avantage que les Provinces Méridionales, ſurtout relativement à la qualité de la ſoie & aux produits des Cocons.

L'on pourroit répondre à ces deux objections par des raiſonnemens plus ſolides que ceux que l'on emploie pour les établir ; mais nous avons cru devoir préférer la voie de l'expérience, qui eſt toujours la plus ſûre.

Pour cet effet, nous avons acheté des Cocons de la meilleure eſpece dans notre Village, & dans beaucoup d'autres du Lyonnois, provenant de Vers à ſoie élevés & nourris avec la feuille de Mûriers Sauvageons.

Nous avons auſſi fait acheter pluſieurs quintaux de Cocons dans le Comtat & dans le Languedoc. Les personnes chargées de ces achats, avoient ordre de s'attacher moins au prix qu'à la meilleure qualité. Nous avons été très-bien servis; & ces Cocons nous sont parvenus, par les précautions que l'on a prises, en très-bon état.

Nous avons donc pu comparer les Cocons provenans du Mûrier Sauvageon, contre ceux recueillis avec la feuille du Mûrier Rose ou d'Italie, & ceux du Comtat & du Languedoc, contre ceux de cette Province, récoltés avec la même feuille d'Italie.

R É S U L T A T.

Pour connoître dans le principe la différence des Cocons provenans du Mûrier Sauvageon, nous en avons pesé séparément plusieurs livres; après quoi, nous avons compté combien il falloit de Cocons en nombre pour former la livre, nous avons trouvé qu'il y en entroit 240 à 250.

Nous

Nous avons fait la même opération pour les Cocons provenans de nos Mûriers à la feuille d'Italie, & nous avons vu que 190 Cocons en nombre, ont formé la même livre de Cocons.

Comme dans cette opération, il pouvoit fe faire qu'il y eût moins de Cocons doubles d'un côté que de l'autre, & que ceux-ci renfermant deux chryſalides, font plus gros & plus peſans, nous les avons féparés dans l'une & l'autre de ces parties. Le réſultat a été dans la même proportion, c'eſt-à-dire, qu'il a fallu 204 des uns, contre 270 des autres.

Ce premier fait, ainſi établi, commence à prouver beaucoup en faveur des Vers à foie élevés avec la feuille d'Italie, puiſque 204 Vers à foie, nourris par cette feuille, ont ſuffi pour former une livre de Cocons, tandis qu'il en a fallu 270 de ceux élevés avec le Sauvageon. L'on ne refusera pas de convenir qu'il y a grande apparence que les premiers étoient plus fournis en soie que les seconds. Cependant, comme l'on pourroit encore objecter le poids différent de la chrysalide, il faut ne se rendre qu'au produit des Cocons à la filature.

Nous avions fait venir du Languedoc deux des plus habiles fileuses d'un tirage qui se fait au Saint - Esprit : c'est à ces femmes que nous avons confié la filature de ces Cocons ; & pour que l'on ne pût opposer que l'une étoit plus habile que l'autre pour filer avec moins de déchet, elles ont filé chacune des uns & des autres. Ces opérations ainsi répétées plusieurs fois, il en a résulté que 10 livres de Cocons, provenans de nos Mûriers d'Italie, ont produit une livre de soie propre à être montée en organsin & tirée de 4 à 5 Cocons.

Il a fallu au contraire 12 livres & demie de Cocons provenans du Mûrier Sauvageon, pour former la même livre de soie tirée au même brin.

Nous obſerverons que nous nous ſommes ſervis du poids de Lyon, qui n'eſt que de 14 onces, relativement au poids de marc.

Quant à la qualité de l'une & de l'autre ſoie, elle a été trouvée parfaitement égale. C'eſt le jugement qu'en ont porté pluſieurs Négocians que nous avons conſultés : elle s'eſt vendue d'ailleurs au même prix.

Ces différences proviendroient-elles de la nature même du Ver à ſoie, toutes choſes égales du côté de la nourriture ? Nous répondrons qu'ayant remis à M. le Préſident de Fleurieu de la même graine de Vers à ſoie que la nôtre, il l'a fait éclore dans ſa Terre d'Herieu en Dauphiné : les Vers ont été nourris avec de la feuille de Mûrier Sauvageon ;

& nous ayant remis ces Cocons, pour les faire filer par les mêmes fileuses, nous avons reconnu même différence pour le produit des Cocons, & même qualité pour la soie. Ces Cocons nous furent envoyés après avoir été fournoyés, & nous les opposâmes à même quantité des nôtres qui avoient également passé au four.

A l'égard des Cocons du Languedoc & du Comtat, nous aurions bien souhaité pouvoir commencer nos épreuves, en comptant combien il falloit de Cocons en nombre pour en former une livre ; mais comme ils ne purent nous être adressés qu'après avoir été à l'étuve, il fallut se contenter d'en connoître & d'en rapprocher les produits contre celui des nôtres à la filature : il est fort à présumer que la faveur du calcul auroit été du côté des nôtres, puisqu'il a fallu 13 livres de ceux du Comtat, &

13 livres & demie de ceux du Languedoc pour former la même livre de foie, dans laquelle on a vu que 10 livres de ceux que nous avions récoltés avoient suffi pour compofer la même livre, toutes ces foies filées au même brin. Quant à la qualité, pour en bien juger, nous rapporterons que la foie du Lyonnois, montée en organfin, ne s'eft trouvée pefer que 28 deniers, tandis que celles du Comtat & du Languedoc vont à 34 & 36 deniers.

Il réfulte donc de toutes ces opérations, dans lefquelles nous fupprimons beaucoup de détails, & que nous ne faifons qu'indiquer à de plus habiles Obfervateurs que nous; il réfulte que les Vers à foie, nourris avec la feuille du Mûrier d'Italie, donnent une foie aufli belle que ceux que l'on éleve avec le Mûrier Sauvageon; que les premiers forment des Cocons mieux tiffus & plus abondans en soie, & que le Mûrier d'Italie est, à tous égards, l'espece que l'on doit le plus accréditer dans nos Campagnes.

Enfin, il résulte que les Cocons récoltés dans le Comtat & dans le Languedoc, sont inférieurs aux nôtres pour le produit en soie, & pour la qualité même de la soie.

Ces expériences, que nous croyons neuves, méritent d'être répétées : elles justifient, quant-à-présent, tout ce que nous avons avancé, & doivent d'autant plus intéresser, qu'elles prouvent combien il est aisé, en encourageant la Culture du Mûrier, d'enrichir cette Province, qui, par la nature du sol & par son climat, lui est absolument propre.

OBSERVATIONS

De M. le Comte de ✳✳✳✳ Colo- nel du Régiment de ✳✳✳, & Réponse de M. T✳✳✳✳, ser- vant de supplément à l'Ins- truction sur la Culture du Mûrier.

Vous avez desiré, Monsieur, que je vous envoie les observations que je vous ai faites à différentes reprises, pour vous demander des éclaircisse- mens dont je croyois avoir besoin sur quelques articles de votre Mé- moire sur la culture du Murier, je vous les adresse ci-jointes. Vous me donneriez presque de l'amour pro- pre de me laisser croire que j'ai pû faire quelques remarques utiles sur cet objet. Toutes mes questions ten- dent à éclairer davantage celui qui

n'ayant nulle pratique, cherche à suivre les lumieres qu'il trouve dans un
écrit fait pour l'inftruire , je les ai ex-
traites de différentes lettres que j'ai
eu l'honneur de vous écrire. Vous en
ferez tel ufage qu'il vous plaira. Si
vous penfez qu'il foit à propos d'a-
joûter à votre Mémoire ces éclairciffemens que je vous ai demandé à
mefure que j'y ai refléchi , il vous fera
aifé de voir les réponfes de votre Mémoire auxquelles vous pourrez ajouter deux mots qui leveront toute difficulté. Je voudrois être en état de
vous faire des objections plus fortes,
elles me fuppoferoient des connoif-
fances que malheureufement je n'ai
pas ; d'ailleurs, Monfieur, les matières
que vous traités le font avec tant
d'intelligence & de précifion qu'il eft
prefqu'impoffible de trouver un feul
endroit qui laiffe quelque chofe à
defirer.

J'efpére que j'aurai inceffamment
de

de vos nouvelles, pour voir dans quel temps je pourrai vous envoyer mon Apprentif-Jardinier. Je compte vous le laisser le plus longtemps qu'il sera possible ; parce que je veux qu'il se perfectionne pour toujours dans la Culture du Mûrier. Je desire d'ailleurs qu'il se mette aussi parfaitement au fait de la pratique du semoir.

J'ai l'honneur d'être, &c.

Réponses aux différentes Questions proposées.

QUESTION I.

A quelle époque précise faut-il donner le second labour à la bêche sur le terrein destiné au Semis ? est-ce à la fin de Février, ou après que les gelées doivent être passées ?

Nous avons dit en répondant à la quatrieme question qu'on doit après l'hyver donner un second labour & couvrir le terrein de quelques fumiers secs, ce qui suppose que le travail ne sera fait qu'après le temps des gelées

Mm

& immédiatement avant celui où on formera les planches du semis.

QUESTION II.

Faut-il que ce second Labour soit donné, ainsi que le premier, à un pied & demi, ou suffit-il de le faire d'un seul fer de beche ?

Ce second Labour n'ayant pour objet que de diviser la terre dans une profondeur convenable aux premieres racines, il suffira de le faire à dix à douze pouces, c'est-à-dire avec un seul fer de béche.

QUESTION III.

Doit-on semer la Graine immédiatement après le second Labour ?

Ce travail étant fait après le temps des gelées s'il ne survient par des pluies ou autre empêchement, il faudra former les planches & semer la graine ; si ces travaux étoient retardés de quinze jours, il conviendroit de relever la terre par un léger travail à la pioche ou à la béche, par-ce qu'il eft important de ne femer la Graine que fur un terrein nouvelle-ment travaillé.

QUESTION IV.

Faut-il que la Graine foit enterrée profondément ou femée feulement à la fuperficie de la terre ?

La Graine de Mûrier doit fe femer fur la fuperficie de la terre & être re-couverte avec les dents d'un rateau de fer, comme l'on en ufe pour la graine de laitue.

QUESTION V.

Comment peut-on voir, lorfque la Grai-ne a levé, fi l'on en a employé une trop grande quantité ?

Si lorfque la Graine a levé, on s'ap-perçoit que toutes les plantes fe tou-chent & que par leurs premieres feuil-les elles couvrent entierement le terrein, alors il est aisé de juger qu'on a jetté trop de Graine & que le semis est trop épais; mais si en total on voit chaque pied à un pouce à peu près les uns des autres, on peut les laisser croître ainsi. Au surplus un peu d'usage & d'intelligence dans un Jardinier lui fait aisément connoître ce qu'il doit faire à cet égard.

QUESTION VI.

Faut-il sarcler à la main, ou bien y a-t-il quelqu'instrument adopté spécialement pour cette opération ?

Il seroit dangereux de se servir d'aucun instrument pour sarcler les Planches d'un semis, quelque léger que fût fait le sarcloir, il seroit à craindre qu'en enlevant les mauvaises herbes, on arrachât beaucoup de plantes de Mûriers dont les racines dans le tems de cette opération sont très-foibles. D'ailleurs on observera que le terrein qu'occupe un semis est toujours très-petit : ainfi on ne doit pas chercher à abréger cet ouvrage. Le Jardinier fera donc très-bien de n'arracher les mauvaifes herbes qu'a-vec la main ; mais pour le faire avec plus de facilité, il arrofera aupara-vant le femis.

QUESTION VII.

Qu'eft - ce qu'on appelle fumier fec, proprement dit ?

Nous avons entendu par fumier fec défigner tout autre que celui que l'on fort des écuries & des étables, comme fiente de pigeons, crotin de moutons, cornailles (c'eft-à-dire de brébis, de ce qui fort de deffous la lime & autres inftrumens des ou-vriers qui travaillent aux manches de couteaux & chofes femblables) enfin terreau d'une baffe-cour, &c.

QUESTION VIII.

Faut-il arroser pendant tout le temps que la Pourrette est dans le Semis ; & seroit-il aussi convenable d'arroser le soir que le matin ?

Nous avons dit en répondant à la 7ᵉ. Question du corps de l'ouvrage, que les arosemens veulent être répétés chaque jour dans les chaleurs le matin avant que le soleil ait frappé sur le semis, nous ajouterons ici qu'il est des temps de chaleurs & de sec si considérable qu'il convient alors d'arroser le soir comme le matin, sur-tout jusqu'à ce que les plantes aient atteint une certaine hauteur & que le touffus des feuilles tienne le terrein frais, ce sera par ces arrosemens que nous ne pouvons trop recommander qu'on parviendra dès la premiere année à avoir des plantes de deux pieds & demi à trois pieds de hauteur assez fortes pour être transplantées en pepiniere.

QUESTION IX.

Comment doit-on enlever les Plantes de Pourrettes du Semis ?

Si le semis a deux années, il convient d'en sortir toutes les Plantes sans égard pour celles qui n'auroient pas acquis toute la grosseur nécessaire pour la pepiniere, parce qu'elles ne cesseroient d'y languir & qu'après ce terme il n'y a plus d'espoir pour en former de bons Arbres. On doit donc renverser ce terrein en entier avec la béche, en observant d'endommager le moins qu'il se pourra les racines ; pour cet effet on commencera par un des bouts de la Planche en enfonçant la béche le plus profondément & à une petite distance du semis, les premieres plantes que l'on sortira donneront de l'aisance au reste de l'ouvrage.

Mm 4

Si après la premiere année qu'on aura fait le semis, on voit en total un très-grand nombre de plantes assez fortes pour être transplantées, il convient de les en sortir sans perdre les autres. Il faudra pour cela arroser fortement le semis le jour auparavant & un moment avant cette opération, alors vous aurez la facilité de tirer avec la main ces plantes, sans offenser celles que vous croirez qu'il est nécessaire de conserver dans le semis dont vous couperez, ainsi que nous l'avons dit, tous les jets à fleur de terre ; ces dernieres restant plus au large dans la Planche deviendront de la plus grande beauté à la seconde année, si toutefois on ne les néglige pas & qu'on continue à y donner les soins & les secours que nous avons recommandés.

QUESTION X.

Dans quel temps faut-il faire le Défon-
cement du terrein deſtiné à une Pé-
piniere ? Je ne l'ai trouvé indiqué
nulle part dans l'Ouvrage.

Il convient toujours de préparer
quelque tems à l'avance le terrein
qu'on veut planter ou ſemer ; ainſi
ce défoncement doit être fait à la fin
de l'automne ou dans l'hiver qui
précédera le tems où l'on voudra
planter en pepiniere.

QUESTION XI.

Je ne crois pas non-plus qu'il ſoit dit
dans quel temps il faut ouvrir les
trous pour les Mûriers de haute tige ,
que l'on plante en Automne ?

Il a été recommandé de faire les
trous ou foſſes en automne pour
planter à la fin de Février afin qu'ils
puiſſent recevoir les pluies, les neiges & les gelées de l'hiver qui ferti-

lifent la terre. Il conviendroit donc
d'en ufer de même pour les plantations de l'automne, ceux qui en ufe-
roient ainfi feroient très - affurés de
la reprife de leurs Arbres ; cependant
comme on eft toujours preffé de
planter & de jouir, & que bien des
perfonnes craindront de faire faire
un femblable ouvrage une année à
l'avance, nous croyons pouvoir dire
en leur faveur qu'en ouvrant les
trous à la fin du printems, les chaleurs, le foleil & les pluies de l'été
pourront équivaloir aux neiges &
aux geléés de l'hiver, la faifon de l'été
n'étant pas celle où la terre reçoive
le moins de fel. Quoi qu'il en foit,
il convient toujours que ces foffes
foient ouvertes fix mois avant la
plantation.

QUESTION XII.

Ne peut-on pas planter des Mûriers à haute tige dans des haies de Mûriers taillées en paliffades, tels que l'on voit dans les jardins, des tilleuls de diftance en diftance dans les charmilles qu'on ne laiffe élevées qu'à hauteur d'appui? Si cela fe peut faire, quel efpace faut-il laiffer entre chaque Mûrier de haute tige?

Les haies ou paliffades de Mûriers peuvent être traitées & plantées comme celles en charmille; on peut auffi en ufer de la même maniere pour les Mûriers à hautes tiges; de femblables avenues ou bofquets réuffiffent très-bien & font fort agréables indépendamment de leurs utilités au tems des Vers à foie. Quant à l'éloignement d'un arbre à l'autre, il faut confulter la nature du terrein & fe régler fur le plus ou le moins de fertilité qu'il annonce; cependant pour répondre avec quelque précision, on dira qu'une distance en général de vingt pieds d'un Mûrier à l'autre sera suffisante, en observant comme une chose essentielle & sans laquelle on ne réussiroit pas, de planter dans le même tems les palissades & les Mûriers à hautes tiges.

QUESTION XIII.

On plante la Pourrette dans la Pépiniere au commencement de Mars, la Graine de Mûriers ne se seme qu'au mois d'Avril: Peut-on se servir tout de suite du terrein dont on vient d'enlever la Pourrette pour y faire un Semis nouveau de la même année, ou bien faut - il le laisser reposer, & recommencer les préparations prescrites dans le Mémoire?

Un terrein dans lequel on vient d'élever un semis est d'autant plus fatigué qu'il n'a reçu aucunes cultures pendant tout le tems qu'il a nourri

les plantes dont il étoit couvert ; ſes
ſels en ſont épuiſés, & il y auroit du
danger à vouloir auſſi-tôt l'employer
à en élever d'autres ; il convient de
le laiſſer repoſer au moins une année
en le cultivant ſouvent & lui donnant
des amandemens nouveaux, ſur-tout
ſi on les deſtine au même uſage l'année ſuivante, & dans ce cas il faudra
recommencer les préparations preſ-
crites pour les ſemis.

QUESTION XIV.

Vous conſeillez, dans la trente-deuxiè-
me Queſtion, d'empailler la tige des
jeunes Mûriers ; je demande combien
d'années il convient de faire uſage de
cette Claie ?

Ce que j'ai dit à cet égard n'eſt
point de rigueur comme toutes les
autres pratiques, ce n'eſt qu'un ſimple conſeil que j'ai pris pour moi même & à laquelle j'ai cru devoir les
belles tiges de mes Arbres ; mais cette

claie une fois liée au long de la tige avec des ofiers, on l'y laiffe attachée autant de temps qu'elle peut y refter fans la renouveller une feconde fois; elle s'y tient pour l'ordinaire fans aucunes réparations un an ou dix-huit mois.

A Brignais, par Lyon, le 30 Septembre 1766.

J'AI répondu, Monfieur, avec d'autant plus d'empreffement aux Queftions que vous m'avez propofées, qu'elles m'ont paru affez intéreffantes pour n'avoir pas dû être négligées dans le corps de l'ouvrage. Elles annoncent que non feulement vous avez pris la peine de lire avec quelqu'attention mon Mémoire; mais que vous avez fenti encore mieux que moi les éclairciffemens qu'il étoit néceffaire d'ajouter fur une culture jufqu'à préfent ignorée, & à laquelle vous avez confacré le peu de loifir que vous laiffent vos occupations Militaires : continuez , Monfieur à nous retracer l'exemple de ces braves & vertueux Romains , qui ne dédaignoient pas les travaux champêtres dans le fein de la paix ; s'il peut être imité autant qu'il eft à defirer , nos Campagnes feront mieux cultivées & leurs habitans trouveront dans vos pareils des Protecteurs : ils feront heureux.

Toutes les recoltes dans cette Province ont été mauvaifes cette année , peu de bled , peu de vin & tres-peu de fourages. Que ferions nous devenus fans nos Mûriers ; ils commencent à nous fournir des reffources, & nous l'efpérons déja , puifque le produit de nos Soies cette année nous dédommage de la perte que nous faifons fur tout le refte.

Votre apprentif Jardinier à vu chez moi mettre en pratique tout ce que j'ai dit dans mon Mémoire ; je l'ai fait opérer lui-même dans toutes les

parties depuis le semis du pepin jusqu'à la taille des Muriers dans tous
les âges ; il s'est aidé à élever les
Vers à soie, & on lui a rendu compte
de tout ce qu'il voyoit ou qu'on lui
faisoit faire : il a vu de vastes champs
ensemencés au semoir ; il a vu les
recoltes qui, quoique mauvaises, ont
été au double de produit de celle des
champs ensemencés suivant l'ancien
usage ; enfin je vous le renvoie apres
lui avoir fait conduire lui-même cet
instrument d'Agriculture dans un
Champ qu'il a semé chez moi. Je le
crois donc suffisamment instruit sur
tous ces objets pour mériter votre
confiance.

J'ai l'honneur d'être, &c.

F I N.

APPROBATION.

APPROBATION.

J'ai lu, par ordre de Monſeigneur le Vice-Chancelier, un Ouvrage intitulé : *Mémoires ſur la maniere d'élever les Vers à Soie, & ſur la Culture du Mûrier blanc.* Cet Ouvrage eſt clair, précis, débarraſſé de toutes queſtions inutiles ; en un mot, c'eſt un Ouvrage de pratique, & d'une pratique éclairée, établie par des expériences répétées, & faites en grand. Il ne peut par conſéquent qu'être très-utile, & il mérite par-là de paroître en public, & eſt digne de l'impreſſion. FAIT à Paris ce 9 Février 1767. GUETTARD.